畜牧微生物学
实验指导

主　编　闵长莉　汪学军

副主编　殷智超　陈　俊　黄仁术

孙　立　张瑞娜　余　燕

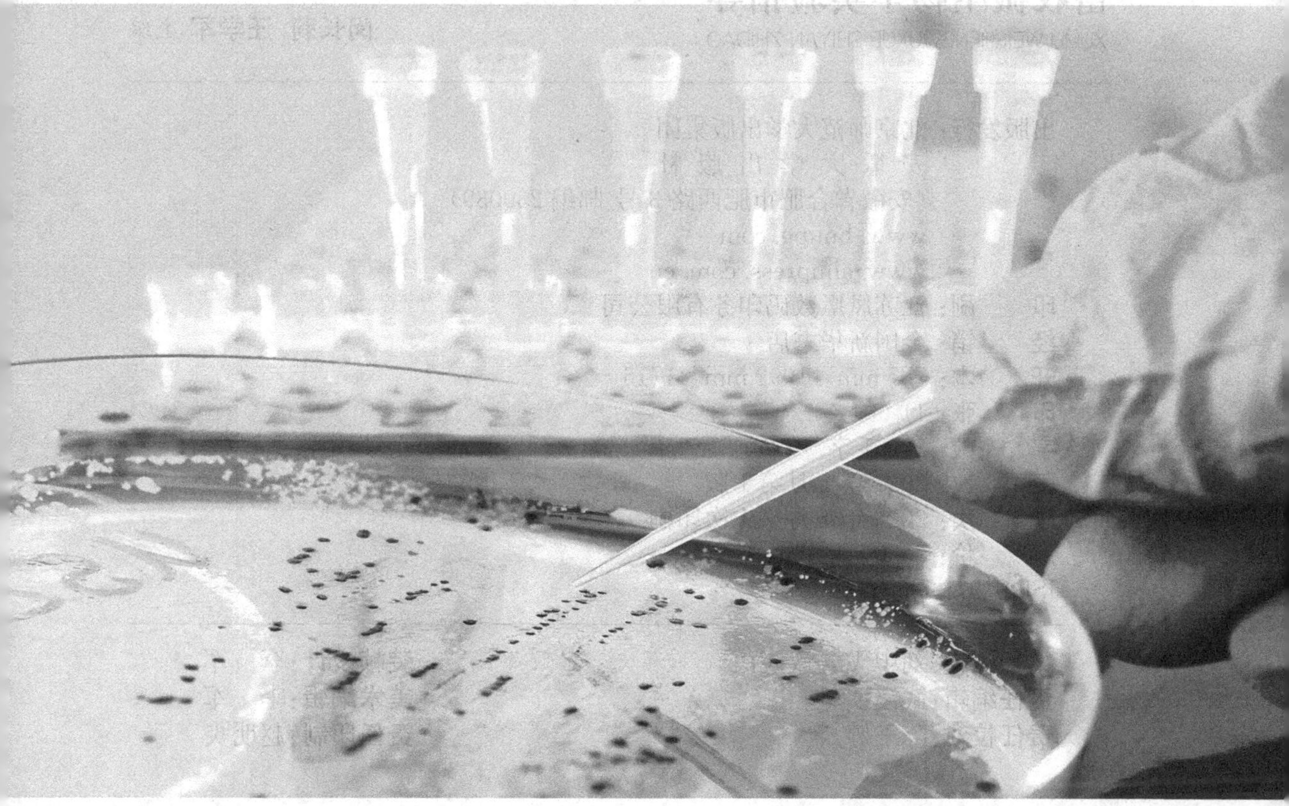

北京师范大学出版集团
BEIJING NORMAL UNIVERSITY PUBLISHING GROUP
安徽大学出版社

图书在版编目(CIP)数据

畜牧微生物学实验指导 / 闵长莉，汪学军主编. 合肥：安徽大学出版社，2025.1. -- ISBN 978-7-5664-2827-1

Ⅰ.S852.6-33

中国国家版本馆 CIP 数据核字第 2024B5V990 号

畜牧微生物学实验指导
XUMU WEISHENGWUXUE SHIYAN ZHIDAO

闵长莉 汪学军 主编

出版发行：	北京师范大学出版集团
	安 徽 大 学 出 版 社
	(安徽省合肥市肥西路 3 号 邮编 230039)
	www.bnupg.com
	www.ahupress.com.cn
印　刷：	江苏凤凰数码印务有限公司
经　销：	全国新华书店
开　本：	787 mm×1092 mm　1/16
印　张：	11
字　数：	209 千字
版　次：	2025 年 1 月第 1 版
印　次：	2025 年 1 月第 1 次印刷
定　价：	35.00 元
ISBN 978-7-5664-2827-1	

策划编辑：刘中飞　武溪溪	装帧设计：李　军
责任编辑：武溪溪	美术编辑：李　军
责任校对：陈玉婷	责任印制：赵明炎

版权所有　侵权必究

反盗版、侵权举报电话：0551－65106311
外埠邮购电话：0551－65107716
本书如有印装质量问题，请与印制管理部联系调换。
印制管理部电话：0551－65106311

前 言

畜牧微生物学是动物科学、动物医学等专业的一门专业基础课,其理论性、技术性、实验性很强,熟悉并掌握微生物学研究方法与技术,对其他学科课程的学习有重要的影响。畜牧微生物学是一门实践性和应用性很强的课程,能直接服务于畜牧业生产、饲料、动物性产品的贮藏、加工以及微生物学检验等,该课程内容多、范围广,涵盖普通微生物学、饲料微生物学、乳品微生物学、兽医微生物学等。畜牧微生物学实验教学在畜牧微生物学课程教学过程中占有很大的比重,可帮助学生掌握畜牧微生物学的基本知识,加深对畜牧微生物学理论的理解,熟悉畜牧微生物学的基本操作技能;培养学生独立观察、思考及发现、提出、分析和解决微生物学相关问题的综合能力;使学生掌握一定的研究与应用相关微生物的方法与技术。

为实现实验教学目标,自 2016 年起,编者对 20 余年来畜牧微生物学方面的教学、科研、生产工作进行了总结与分析,并结合本课程的教学特点,编写了这本实验指导书。在编写过程中,编者将新的理论、方法和技术融入实验内容,使实验内容和理论教学有机地结合起来;在实验方式上力求规范化,便于学生掌握,提高学生的操作技能。本书可使学生知道实验前、实验中、实验后做什么、怎么做以及为什么这么做。

本书分两大部分,第一部分为基础实验,包括显微镜的使用、微生物学常用实验器材的准备、培养基的配制、灭菌的方法、细菌的培养与鉴定、微生物的生理生化实验、微生物的计数等 18 个实验。每一项实验主要由实验目的、基本原理、实验器材、操作步骤、实验报告等组成。第二部分为综合实验,包括细菌的致病性实验,动物养殖中饲料、饮用水的微生物学检查和畜产品的微生物限量测定等 8 个实验,旨在使学生将基础实验内容应用于具体检测项目中,是对基础实验的综合应用。本书还介绍实验室规则和实验室安全应急处理,附录部分介绍常用染色液和培养基的配制方法。

本书既可作为动物科学专业和其他相关专业的畜牧微生物学实验教材,也可作为动物医学相关的参考用书。本书的出版得到安徽省高等学校省级质量工程项目(教材建设)的资助,同时得到皖西学院教务处、生物与制药工程学院相关领导的支持,在此表示感谢!

限于编者水平,本书不足之处在所难免,敬请师生批评指正,以便及时修订。

编　者
2024 年 9 月

目 录

实验室规则 ·· 1
实验室安全应急处理 ·· 2

第一部分 基础实验

实验 1 普通光学显微镜的构造、原理及使用 ································· 5
实验 2 常用器材的准备 ·· 12
实验 3 干热灭菌 ·· 17
实验 4 高压蒸汽灭菌 ·· 20
实验 5 紫外线灭菌 ··· 24
实验 6 细菌的简单染色和形态观察 ·· 27
实验 7 细菌的革兰氏染色法 ··· 31
实验 8 培养基的配制 ·· 35
实验 9 显微镜直接计数法 ··· 43
实验 10 平板计数法 ·· 47
实验 11 实验室环境和人体表面微生物检查 ·································· 50
实验 12 微生物的分离与纯化 ·· 53
实验 13 化学因素对微生物生长的影响 ·· 58
实验 14 细菌的药敏试验 ··· 64
实验 15 大分子物质的水解试验 ··· 71
实验 16 糖发酵试验 ·· 77
实验 17 IMViC 试验 ··· 79
实验 18 病毒的培养 ·· 84

第二部分 综合实验

实验 19 细菌的致病性实验 ·· 93
实验 20 葡萄球菌和链球菌的微生物学检查 ·· 100
实验 21 猪丹毒杆菌和李氏杆菌的微生物学检查 ·· 106
实验 22 饲料中微生物的测定 ·· 114
实验 23 鲜乳及乳制品的微生物学检验 ·· 125
实验 24 动物饮用水的微生物学检验 ·· 132
实验 25 青贮饲料制作 ·· 141
实验 26 微生物发酵产沼气 ··· 144

附录 ·· 149
  附录Ⅰ 常用染色液的配制 ··· 149
  附录Ⅱ 常用培养基的配制 ··· 152

主要参考文献 ·· 167

实验室规则

微生物学实验要求无菌操作,同时,畜牧微生物学课程实验教学所用微生物材料有些是有害微生物,甚至具有感染性,为了防止污染和感染的发生,畜牧微生物学实验室应制定相关规则,包括但不限于以下内容,所有进入实验室的人员都必须严格遵守。

(1)进入实验室应穿工作服,禁止将不必要的物品,特别是食物、饮品等带入实验室,必须带入的书籍和文具等应放在指定的非操作区,以免受到污染。

(2)长头发的同学须把头发扎好,不允许披头散发。

(3)实验进行时,在实验室内要保持肃静,不得随意走动,不要动用实验室内与所做实验无关的物品,以防发生意外。

(4)在实验中一旦发生意外,如吸入菌液、划破皮肤以及细菌(或病料)污染实验桌或地面等处,应立即向指导教师报告,听候处理。被微生物污染的衣帽必须立即脱下,浸入消毒液中过夜或高压灭菌,然后洗涤。

(5)用过的培养物、病料及器具等必须放入指定地点,待灭菌后清洗干净。

(6)保持实验室清洁,必须树立无菌操作意识,严格遵守无菌操作规定,不要随地吐痰,不要乱扔纸屑、铅笔屑等废弃物或污物,并不得开启风扇等。

(7)未经许可,不得将病原微生物、病料、试剂等实验材料带出实验室。

(8)含培养物的试管不可平放在桌面上,以免其中液体流出。

(9)注意节约水、电、染色液及其他药品和器材。

(10)实验完毕,应将所有器材归放原处并将操作台面整理、擦拭干净,将实验室打扫干净,关好门窗,检查水、电、气等是否关好。最后用配制好的消毒液,如 $0.2\%\sim0.5\%$ 次氯酸钠(NaClO)消毒液(俗称"84消毒液")浸泡手 $5\sim10$ min,用自来水洗净后方可离开实验室。

实验室安全应急处理

微生物学实验室较常见的事故包括酒精灯失火,高压蒸汽灭菌器安全阀打开,电器如培养箱、干热灭菌器等着火,微生物实验材料如活菌液等污染操作台、地面、手、衣服等。如发生这些情况,应立即按下述方法进行处理:

(1)由于点燃酒精灯的方法不当等造成酒精灯失火,或由于用酒精灯盖熄灭酒精灯时用力过猛或方法不当造成酒精灯爆炸并失火时,在关注伤者伤势的同时要注意及时灭火。无论发生哪种情况,如火势较小,可立即用湿抹布覆盖灭火;如火势较大,则需使用干粉灭火器灭火,严禁使用抹布等物品拍打灭火。必要时必须果断拨打120和119求助。

(2)高压蒸汽灭菌器安全阀打开时,首先注意避开喷出的高温蒸汽或液体,立即关掉电源,然后拔下电源插头。

(3)电器或仪器起火时,应立即关机,拔下电源插头,拉下总闸。若为导线绝缘体或电器外壳等可燃材料着火,可用灭火毯等覆盖物体以封闭窒息灭火;在没有切断电源的情况下,千万不能用水或泡沫灭火剂扑灭电器火灾,否则,扑救人员随时都有触电的危险。必要时必须果断拨打119求助。

(4)活菌液不慎洒落到操作台或地面上时,应倾注消毒液[如2%~3%甲酚皂溶液(俗称"来苏尔")或0.1%新洁尔灭(又称苯扎溴铵)]于污染面上,作用30 min后抹去,也可倾注0.2%~0.5% 84消毒液,作用5~10 min后抹去。

(5)手被活菌污染时,先将手放在消毒液中浸泡一定时间,如在2%~3%来苏尔或0.1%新洁尔灭中浸泡10~20 min,或在0.2%~0.5% 84消毒液中浸泡5~10 min,再用肥皂水搓洗,最后用自来水冲洗干净。

(6)衣服被活菌污染时,用消毒液将衣服浸泡一定时间,如用2%~3%来苏尔或0.1%新洁尔灭浸泡30 min,或用0.2%~0.5% 84消毒液浸泡5~10 min,然后用清水洗净,如衣料耐高温,则可煮沸或高压灭菌后清洗干净。

(7)若不慎将活菌液吸入上消化道,如口腔,应立即将其吐到容器中,并用0.1%高锰酸钾溶液或3%过氧化氢溶液(俗称"双氧水")漱口,必要时根据菌类的不同服用适当的抗菌药物或及时就医。

第一部分 基础实验

培育 基础实验

第一册

高教生物学实验室编

实验1　普通光学显微镜的构造、原理及使用

微生物的最显著特征就是个体微小，一般必须借助显微镜才能观察到它们的个体形态和细胞结构。熟悉显微镜并掌握其操作技术是研究微生物不可缺少的手段。本实验将对目前微生物学研究中最常用的普通光学显微镜的原理、结构及样品制备、观察技术进行介绍，目的在于使学生通过实验对普通光学显微镜有比较全面的了解，并重点掌握普通光学显微镜中油镜的工作原理和使用方法。

一、实验目的

(1) 了解普通光学显微镜的结构和各部件的作用。
(2) 学会正确使用和维护普通光学显微镜。
(3) 掌握油镜的工作原理和使用方法。

二、基本原理

现代普通光学显微镜利用目镜和物镜两组透镜系统来放大成像，故又常被称为复式显微镜。该类显微镜由机械装置和光学系统两大部分组成(图1-1)。

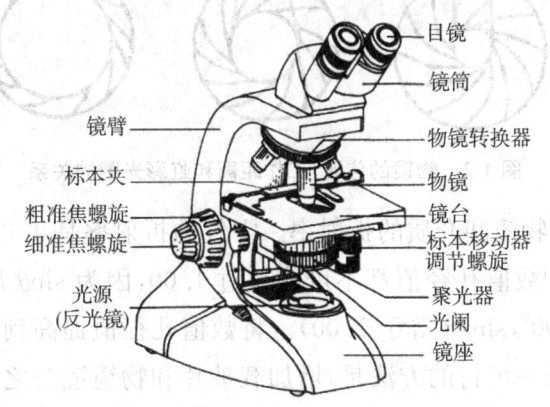

图1-1　普通光学显微镜构造示意图

显微镜设计中应用的光学理论是德国物理学家恩斯特·阿贝(Ernst Abbe)在19世纪70年代建立的。在Abbe理论中，两物体之间的最小可分辨距离(d)被称为分辨率。对任何显微镜来说，分辨率是决定其观察效果的最重要指标。这是

因为分辨率越高,最小可分辨距离就越小,放大后的图像也就越清晰。相反,如果分辨率不够,图像即使被放大也是模糊的。

进行显微观察时,分辨率(d)取决于所用光源的波长(λ)和数值孔径(numerical aperture)值($n\sin\theta$,也可表示为NA)。

$$d = 0.5\lambda/(n\sin\theta)$$

从上述公式可见,波长越短,所能提供的分辨率越高(最小可分辨距离越小),这是因为用于形成物像的光波须穿过标本,波长越小的光能穿越的间隙也越小,形成的物像也越清晰。相反,两个物像点的间距如果小于波长,将无法被光波穿过,成像后只能形成一个模糊的点,即无法被辨析。在可见光范围内,紫光(波长为400~450 nm)的波长最短,所提供的分辨率最高。

数值孔径值($n\sin\theta$)取决于物镜的镜口角和载玻片与物镜间介质的折射率,其中的θ是进入物镜的光锥角度的一半。经由聚光器投射到样品上的光束是锥形的,如果形成的光锥的角度较小,其经过载玻片后就无法充分伸展并使形成的物像中紧密靠近的细节分开,分辨率就低。相反,如果光锥的角度较大,被观察对象的细节就可以分得更开并被看清。因此,在显微镜的光学系统中,物镜的性能最为关键,直接影响着显微镜的观察效果。物镜的放大倍数越高,工作距离(焦距)越短,θ越大,分辨率就越高(d值越小)(图1-2)。

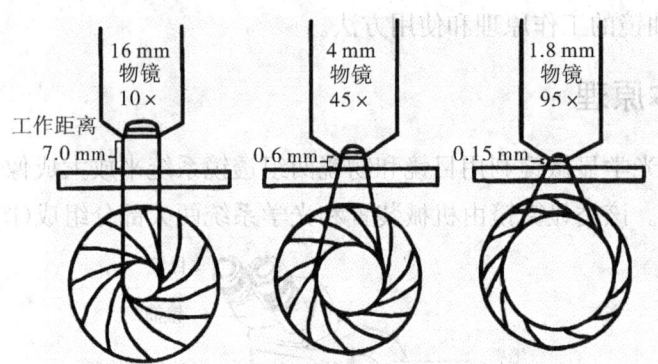

图1-2 物镜的焦距、工作距离和虹彩光圈的关系

n为载玻片与物镜间介质的折射率。空气的折射率是1.00,因此,以空气为工作介质的透镜的数值孔径值都不可能超过1.00,因为$\sin\theta$是永远小于等于1的(θ最大只能是90°,sin90°等于1.00)。将数值孔径值提高到1.00以上从而获得更高分辨率的唯一可行的方法是,增加载玻片和物镜镜头之间介质的折射率,这也是使用油镜时需要在载玻片和镜头之间滴加镜油的首要原因。香柏油是使用最为广泛的油镜镜油,其折射率(1.515)高于空气。因此,以香柏油作为镜头与载玻片之间介质的油镜所能达到的数值孔径值(NA一般为1.2~1.4)要高于低倍镜和高倍镜(实际上NA都低于1.0)。若以可见光的平均波长0.55 μm来计

算,NA 值通常在 0.65 左右的高倍镜只能分辨出距离不小于 0.4 μm 的物体,而油镜的分辨率却可达 0.2 μm 左右。

使用油镜时需要滴加香柏油的另一个目的是提高照明亮度。油镜的放大倍数可达 100×,放大倍数这样大的镜头,焦距很短,直径很小,但所需要的光照强度却最大(图 1-2)。而由显微镜的结构看(图 1-3),从承载标本的载玻片透过来的光线,因介质密度不同(从载玻片进入空气,再进入镜头),有些会因折射或全反射而不能进入镜头,致使在使用油镜时会因射入的光线较少,物像显现不清。而香柏油具有与玻璃相似的折射率(玻璃的折射率为 1.52),在载玻片和物镜镜头之间滴加香柏油可以有效减少通过的光线因反射或折射而造成的损失,从而提高视野的照明亮度。

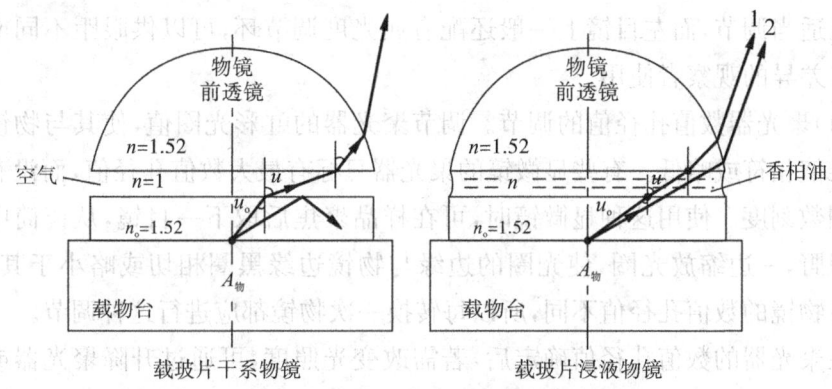

图 1-3 介质折射率对物镜照明光路的影响

三、实验器材

(1) 菌种:金黄色葡萄球菌(*Staphylococcus aureus*)、枯草芽孢杆菌(*Bacillus subtilis*)和迂回螺菌(*Spirillum volutans*)的染色玻片标本,酿酒酵母(*Saccharomyces cerevisiae*)、链霉菌(*Streptomyces* sp.)和青霉(*Penicillium* sp.)的水封片。

(2) 试剂:香柏油、二甲苯等。

(3) 仪器和其他用品:普通光学显微镜、擦镜纸等。

本实验为什么采用上述菌种?

本实验的目的除了使学生在学习显微镜相关知识的基础上重点掌握油镜的工作原理和使用方法,还要求学生能通过显微镜观察增强对各种微生物细胞基本形态特征的感性认识。实验选用的微生物标本片代表了典型的微生物基本形态,即一般应采用高倍镜和油镜进行观察的球状、杆状、螺旋状的细菌,不使用油镜也能观察清楚的丝状的放线菌,以及个体更大,可采用低倍镜进行观察的单细胞真菌和丝状真菌。因此,选用上述微生物标本片符合本实验的要求。

四、操作步骤

1. 观察前的准备

(1)显微镜的安置。将显微镜置于平整的实验台上,镜座距实验台边缘 10 cm 以上,确保目镜的末端垂足落在桌面上。镜检时姿势端正。

(2)光源调节。将聚光器调节到最高位置,通过调节安装在镜座内光源灯的电压获得适当的照明亮度,使视野内的光线均匀,亮度适宜。

适当调节聚光器的高度也可改变视野的照明亮度,但一般情况下聚光器在使用中都是调到最高位置。

(3)根据使用者的个人情况,调节双筒显微镜的目镜。双筒显微镜的目镜间距可以适当调节,而左目镜上一般还配有屈光度调节环,可以供眼距不同或双眼视力有差异的观察者使用。

(4)聚光器数值孔径值的调节。调节聚光器的虹彩光圈值,使其与物镜的数值孔径值相符或略低。有些显微镜的聚光器只标有最大数值孔径值,而没有具体的光圈数刻度。使用这种显微镜时,可在样品聚焦后取下一目镜,从镜筒中一边观察视野,一边缩放光圈,使光圈的边缘与物镜边缘黑圈相切或略小于其边缘。因为各物镜的数值孔径值不同,所以每转换一次物镜都应进行这种调节。

在聚光器的数值孔径值确定后,若需改变光照度,可通过升降聚光器或改变光源的亮度来实现,原则上不应再对虹彩光圈进行调节。当然,有关虹彩光圈、聚光器高度及照明光源强度的使用要求也不是固定不变的,只要能获得良好的观察效果,可根据具体情况灵活运用。

2. 显微观察

在目镜保持不变的情况下,使用不同放大倍数的物镜所能达到的分辨率及放大率都是不同的,在显微观察时,应根据所观察微生物的大小选用不同的物镜。例如,观察酵母菌、放线菌、霉菌等个体较大的微生物形态时,可选择低倍镜或高倍镜,而观察个体相对较小的细菌时,则应选用油镜。

一般情况下,进行显微观察时,应遵守从低倍镜到高倍镜再到油镜的观察顺序,因为低倍数物镜的视野相对较大,易发现目标及确定检查的位置。

(1)低倍镜观察。将待观察的标本片置于载物台上,用标本夹夹住,移动推进器使观察目标处在物镜的正下方。调节载物台使标本接近 10× 物镜,旋转粗准焦螺旋使载物台慢慢下降,使标本在视野中初步聚焦,再使用细准焦螺旋将物像调至清晰。通过标本夹推进器慢慢移动载玻片,认真观察标本各部位,找到合适的目的物,仔细观察并记录所观察到的结果。

在任何时候使用粗准焦螺旋聚焦物像时,都应该从侧面注视小心调节标本靠近物镜,然后用目镜观察,慢慢调节标本离开物镜,以防因误操作而损坏镜头及载玻片。

(2)高倍镜观察。在低倍镜下找到合适的观察目标并将其移至视野中心后,轻轻转动物镜转换器,将高倍镜移至工作位置。对聚光器光圈及视野亮度进行适当调节后,微调细准焦螺旋使物像清晰,利用推进器移动标本,仔细观察并记录所观察到的结果。

在一般情况下,当物像在一种物镜视野中已清晰聚焦后,转动物镜转换器将其他物镜转到工作位置进行观察时,物像将保持基本准焦的状态,这种现象称为物镜的同焦(parfocal)。利用这种同焦现象,可以保证在使用高倍镜或油镜等放大倍数高、工作距离短的物镜时,仅调节细准焦螺旋即可对物像清晰聚焦,从而避免由于使用粗准焦螺旋时可能的误操作而损坏镜头或载玻片。

(3)油镜观察。在高倍镜下找到合适的观察目标并将其移至视野中心,将高倍镜转离工作位置,在待观察的样品区域滴上一滴香柏油,将油镜转到工作位置,油镜镜头此时应正好浸泡在镜油中。将聚光器升至最高位置并开足光圈,若所用聚光器的数值孔径值(NA)超过1.0,还应在聚光器与载玻片之间也滴加香柏油,保证其达到最大的效能。调节照明灯使视野的亮度合适,微调细准焦螺旋使物像清晰,利用推进器移动标本,仔细观察并记录所观察到的结果。

注意:切不可将高倍镜转动经过加有镜油的区域。

另一种常用的油镜观察方法是,在低倍镜下找到要观察的样品区域后,旋转粗准焦螺旋使载物台下降,将油镜转到工作位置,然后在待观察的样品区域滴加香柏油。从侧面注视着载物台,旋转粗准焦螺旋,使载物台缓慢地上升,使油镜浸在镜油中并几乎与标本相接,调节聚光器的数值孔径值及视野的照明强度后,旋转粗准焦螺旋,使载物台徐徐下降,直至视野中出现物像并用细准焦螺旋使其清晰对焦为止。有时按上述操作找不到目的物,这可能是由于载物台还没有下降到位,或因载物台下降太快,以至于眼睛未捕捉到一闪而过的物像。若遇到这种情况,应重新操作。另外,应特别注意不要在调节载物台时用力过猛或调焦时误将粗准焦螺旋向反方向转动,以免损坏镜头及载玻片。

3. 显微镜用后的处理

(1)降下载物台,取下载玻片。

(2)用擦镜纸拭去镜头上的镜油,然后用擦镜纸蘸少许二甲苯(香柏油溶于二甲苯)擦去镜头上残留的油迹,最后再用干净的擦镜纸擦去残留的二甲苯。

注意:二甲苯等清洁剂会对镜头造成损伤,不要使用过量的清洁剂或让其在镜头上停留时间过长或有残留。此外,切忌用手或其他纸张擦拭镜头,以免使镜头沾上汗渍、油污或产生划痕,影响观察。

(3)用擦镜纸清洁其他物镜及目镜。

(4)将显微镜的各部分还原,将光源灯亮度调至最低后关闭,将最低放大倍数的物镜转到工作位置,同时将载物台降到最低位置,并降下聚光器。

注意事项

(1)在任何情况下都应先用低倍数物镜(10×或4×)搜寻、聚焦样品,确定待观察目标的大致位置后再转换到高倍镜或油镜。若有些初学者即使使用低倍镜仍难以找到样品的准焦位置,则可用记号笔在载玻片正面空白处画一道线,通过调节粗、细准焦螺旋使该线条聚焦清晰后,再移动到加有样品的部位进行观察。

(2)有些使用时间较长的显微镜镜头上的霉点等污物在调焦时也会被聚焦造成观察到样品的假象,此时只需稍稍移动载玻片,根据目镜中的物像是否会随着载玻片进行相应移动来判断聚焦的物像是否为待观察的样品。一般来说,由于焦平面不同,物镜上的少量污物不会影响对样品的观察。

(3)对虹彩光圈和视野照明亮度进行调节可以获得反差合适的观察物像,初学者可以在使用不同物镜观察到物像后,边观察边调节虹彩光圈、增强或降低光源亮度及升降聚光器的位置,实际体会上述变化对观察效果的影响。

(4)显微镜属于精密仪器,在取放显微镜时应一手握住镜臂,一手托住底座,使显微镜保持直立平稳,切忌单手拎提,防止目镜镜头脱落。

(5)不论使用单目显微镜还是双目显微镜,均应双眼同时睁开观察,以减少眼睛疲劳,也便于边观察边绘图或记录。

(6)显微镜具有聚焦校正功能,因此,观察时一般可以摘下近视或远视眼镜。确需戴眼镜进行观察时,则应注意不要使眼镜镜片与目镜镜头相接触,以免在眼镜镜片或镜头上造成划痕。

(7)载玻片和盖玻片很薄,在操作中应特别注意不要用力过猛,以免使易碎的玻璃划伤自己。另外,取放载玻片时不要触摸到加有样品的部位,以免影响对结果的观察。

五、实验报告

1. 实验结果

分别绘出所观察到的球菌、杆菌、螺菌和放线菌的形态。

球菌：_____。 杆菌：_____。
物镜：_____；放大倍数：_____。 物镜：_____；放大倍数：_____。

螺菌：_____。 放线菌：_____。
物镜：_____；放大倍数：_____。 物镜：_____；放大倍数：_____。

2. 思考题

(1)用油镜观察时应注意哪些问题？在载玻片和镜头之间滴加香柏油有什么作用？

(2)试列表比较低倍镜、高倍镜及油镜各方面的差异。为什么在使用高倍镜及油镜时应特别注意避免粗准焦螺旋的误操作？

(3)什么是物镜的同焦现象？它在显微镜观察中有什么意义？

(4)影响显微镜分辨率的因素有哪些？

(5)如何判断视野中观察到的是标本片上的样品而不是目镜上的污物？

实验 2　常用器材的准备

一、实验目的

(1) 了解微生物学实验室常用器材的处理、保存和准备方法。
(2) 熟练掌握试管、培养皿、吸量管等的包扎方法。

二、基本原理

1. 洗涤剂的种类及其应用

清洁的玻璃器皿是获得正确实验结果的重要条件之一。清洗的目的在于除去玻璃器皿上的污垢(如灰尘、油污、无机盐等)。实验室常用洗涤剂的种类及其应用如下：

(1) 洗衣粉。使用时常用刷子(试管刷或瓶刷)蘸取少量的洗衣粉刷洗容器或载玻片和盖玻片，再用水冲洗。

(2) 洗洁精。先在清洗盆中加入适量的自来水和洗洁精，然后用刷子擦拭、洗刷玻璃器皿等物品，用水冲洗干净，再用蒸馏水冲洗。

(3) 洗涤液。常用的洗涤液是重铬酸钾的硫酸溶液。重铬酸钾与硫酸作用后形成的铬酸是一种强氧化剂，去污能力很强，实验室里常用其除去玻璃和瓷质器皿上的有机质，但不可用于洗涤金属器皿。

2. 器皿的清洗处理

(1) 新购玻璃器皿的清洗。新购玻璃器皿(包括载玻片、盖玻片、试管、吸管、培养皿、锥形瓶等)常附有游离碱质，不可直接使用，应先在1%～2%盐酸溶液中浸泡数小时，以中和碱质；然后用肥皂水及清水刷洗以除去遗留的酸质；最后用蒸馏水冲洗3次，在55 ℃烘箱内烘干备用。

石英和玻璃比色皿不可用强碱清洗，因为强碱会侵蚀抛光的比色皿，只能用洗涤液浸泡，然后用自来水冲洗。清洗干净的比色皿内外壁均应不挂水珠。

(2) 使用过的玻璃器皿的清洗。

① 载玻片：将用过的载玻片放入1%洗衣粉溶液中煮沸20～30 min(注意：溶液一定要浸没载玻片，否则会使载玻片钙化变质)，待冷却后逐个用自来水洗净，

然后浸泡于95%乙醇溶液中备用。带有活菌的载玻片可先浸没在5%苯酚(俗称石炭酸)溶液或2%~3%来苏尔或0.1%氯化汞(俗称升汞)溶液中24~48 h消毒,再按上述方法洗涤。使用前,将载玻片从乙醇溶液中取出,经火焰点燃,将载玻片表面的残余乙醇烧尽,方可使用。

②血细胞计数板:血细胞计数板使用后应立即用自来水冲净,必要时可用95%乙醇溶液浸泡或用乙醇棉球轻轻擦拭。切勿用硬物洗刷或抹擦,以免损坏网格刻度。洗涤完毕后,镜检血细胞计数板的计数框中是否残留菌体或其他沉淀物。将洗净后的血细胞计数板自然晾干或吹干后放入盒内保存。

③一般玻璃器皿:先用毛刷蘸洗涤液洗去灰尘、油污、无机盐等物质,再用自来水冲洗干净。如果器皿要用于盛放高纯度的化学药品或者做较精确的实验,可先将器皿置于洗涤液中浸泡过夜,再用自来水冲洗,最后用蒸馏水冲洗3次。洗刷干净的玻璃器皿烘干备用。

染菌的玻璃器皿应先经121 ℃高压蒸汽灭菌20~30 min后取出,趁热倒出容器内的培养物,再用洗洁精洗刷干净,最后用自来水冲洗。染菌的移液管和毛细吸管应立即放入5%石炭酸溶液中浸泡数小时,先灭菌,再用自来水冲洗。

④含有琼脂培养基的玻璃器皿:对于含有琼脂培养基的玻璃器皿,应先进行高压蒸汽灭菌,趁热倒出培养物,再用洗洁精洗刷干净,同时,将培养皿底上的标记擦去,最后用自来水冲洗。洗净的培养皿的盖或底全部向下,一个接一个地压着皿边,扣在桌子上晾干备用。

⑤吸量管:用过的吸量管应及时浸泡在水中,浸泡一段时间后再进行清洗。将清洗后的吸量管倒转,使吸量管顶尖向上,将吸量管内的水分晾干,或放在40 ℃烘箱中烘干。

(3)硅胶塞的清洗。由于新购置的硅胶塞带有大量滑石粉,故应先用自来水冲洗干净,再用2% NaOH溶液煮沸10~20 min,以除去硅胶塞上的蛋白质。用自来水冲洗后,再用5%盐酸溶液浸泡30 min,最后用自来水冲洗干净。

3. 器材的包扎

包扎可防止器皿灭菌后再次受到污染。常规的包扎应采用牛皮纸或报纸,主要是为了防止瓶口污染,包括玻璃培养皿包扎、玻璃吸量管包扎、玻璃试管包扎、锥形瓶瓶口包扎等。

三、实验器材

培养细菌后需处理的玻璃培养皿(直径90 mm)若干;锥形瓶(500 mL)若干,相应大小的锥形瓶硅胶塞若干;吸量管(1 mL、10 mL)若干;试管若干(15 mm×150 mm),相应大小的试管硅胶塞若干;牛皮纸或干净报纸若干;棉绳;高压蒸汽灭菌器等。

四、操作步骤

1. 被细菌污染的玻璃培养皿的清洗与干燥

(1)高压蒸汽灭菌。将培养细菌后需处理的玻璃培养皿置于高压蒸汽灭菌器中,121 ℃灭菌 20~30 min。

(2)玻璃培养皿的洗涤。将灭菌后的玻璃培养皿浸泡于水中,用毛刷或试管刷擦上肥皂,刷去油污和其他污垢,然后用清水冲洗数次,最后用蒸馏水冲洗干净。

(3)经清水冲洗后仍有油迹时,可将玻璃培养皿置于 1%~5% $NaHCO_3$ 溶液或 5%肥皂水中加热煮沸 30 min,再用毛刷刷去油污,最后用清水或蒸馏水冲洗干净。

(4)将洗净的玻璃培养皿倒扣于干燥架上,令其自然干燥,必要时亦可放于恒温箱或 50 ℃左右干燥箱中烘干。

2. 玻璃器皿的包扎

为避免二次污染,在灭菌之前,需要对洗涤干净且干燥的玻璃器皿做必要的包扎。

(1)玻璃培养皿的包扎。洗净晾干的培养皿用报纸进行包扎,每包 10 套(图2-1)。包扎后的培养皿经过灭菌后,放入烘箱中干燥后才可使用。

图 2-1　玻璃培养皿灭菌前的包扎

(2)玻璃吸量管的包扎。首先在吸量管的上端塞上一小段棉花(非脱脂棉),塞入的棉花应与吸量管口保持 5 mm 左右的距离;然后将报纸裁剪成长条(一般竖裁成 8 张纸条),将吸量管的尖端放在纸条端,并呈 45°角,折叠纸条,包住尖端;一手捏住管身,另一手将吸量管压紧在桌面上,向前滚动,以螺旋形包扎,剩余的纸条折叠打结(图 2-2)。最后把包扎好的吸量管成捆扎好,做好标记,以备灭菌。

(3)玻璃试管的包扎。先塞上合适的硅胶塞(塞子应有 1/2~2/3 进入试管中),或盖上合适的试管套,然后 10 支为一捆,先用报纸包扎,再用棉绳扎紧,以盖住试管口为宜(图 2-3),最后进行高压蒸汽灭菌。包扎的目的是防止硅胶塞在高压时掉落而受到污染。切勿从上包到底而观察不到试管。

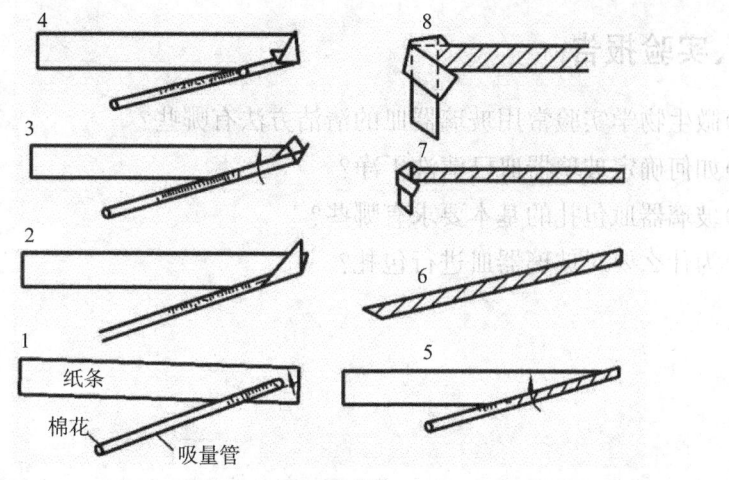

图 2-2　玻璃吸量管灭菌前的包扎

图 2-3　玻璃试管灭菌前的包扎

(4) 锥形瓶的包扎。在锥形瓶口塞上合适的瓶塞，或盖上 8 层纱布，外加 2 层报纸，用棉绳包扎后灭菌。

注意事项

(1) 对于含有对人有传染性或非传染性致病菌的玻璃器皿，应先将其放在 5% 石炭酸溶液内浸泡 1 h 或经高压蒸汽灭菌后再进行洗涤。

(2) 用过的器皿必须立即洗刷，放置太久会增加洗刷难度。洗涤前应检查玻璃器皿是否有裂缝或者缺口，发现有破裂以及缺口的则应弃去。使用洗涤液时，投入的玻璃器皿应尽量干燥，以避免稀释洗涤液。如果需要去污作用更强，可将洗涤液加热至 40~50 ℃（稀铬酸洗液可以煮沸）。用洗涤液洗过的器皿应立即用水冲洗至无色为止。

(3) 任何洗涤方法都不应对玻璃器皿造成损伤。因此，既不能使用对玻璃器皿有腐蚀作用的化学试剂，也不能使用比玻璃硬度大的制品擦拭玻璃器皿。

(4) 在吸量管口塞入的棉花应与吸量管口保持 5 mm 左右的距离，若棉花露在管口外，可造成堵塞不严、漏液或操作不方便。塞入的棉花全长不得短于 10 mm，并且松紧度要适宜，过松易脱落，过紧不透气，无法使用。

五、实验报告

(1)微生物学实验常用玻璃器皿的清洁方法有哪些？
(2)如何确定玻璃器皿已清洗干净？
(3)玻璃器皿包扎的基本要求有哪些？
(4)为什么要对玻璃器皿进行包扎？

实验3 干热灭菌

消毒(disinfection)与灭菌(sterilization)的意义有所不同。消毒一般是指消灭病原微生物的方法,灭菌则是指杀灭一切微生物(包括芽孢和孢子)的方法。在微生物学实验中,需要进行纯培养,不能有任何杂菌污染,因此,对所用器材、培养基和工作场所都要进行严格的消毒和灭菌。消毒与灭菌不但是从事微生物学和整个生命科学研究必不可少的重要环节和实用技术,而且在医疗卫生、环境保护、食品、生物制品等各方面均具有重要的应用价值。通常根据不同的使用要求和条件,选用合适的消毒和灭菌方法。

一、实验目的

(1)了解干热灭菌的原理和应用范围。
(2)掌握干热灭菌的操作技术。

二、基本原理

干热灭菌是利用高温使微生物细胞内的蛋白质凝固变性而达到灭菌目的的过程。细胞内的蛋白质凝固性与其本身的含水量有关,在菌体受热时,环境和细胞内含水量越多,蛋白质凝固就越快;反之,环境和细胞内含水量越少,蛋白质凝固就越缓慢。因此,与湿热灭菌相比,干热灭菌所需温度高(160~170 ℃)、时间长(1~2 h)。但干热灭菌的温度不能超过180 ℃,否则,包扎器皿的报纸或棉塞就会烧焦,甚至引起燃烧。干热灭菌使用的电热干燥箱的结构如图3-1所示。

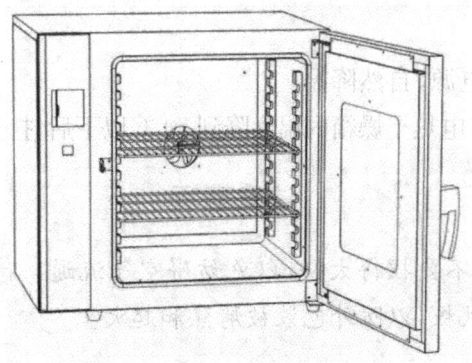

图 3-1 电热干燥箱的结构示意图

三、实验器材

培养皿(10 套/包)、试管(10 套/包)、吸量管、电热干燥箱等。

四、操作步骤

干热灭菌有火焰灼烧灭菌和热空气灭菌两种。火焰灼烧灭菌适用于接种环、接种针和其他金属用具(如镊子)等的灭菌,无菌操作时的试管口或锥形瓶口可在火焰上作短暂灼烧灭菌(图 3-2)。涂布平板所用的玻璃涂棒也可在浸蘸乙醇后进行灼烧灭菌。通常所说的干热灭菌是在电热干燥箱内利用高温干燥(160～170 ℃)进行灭菌,此法适用于玻璃器皿(如吸管和培养皿等)的灭菌。培养基、橡胶制品和塑料制品等不能采用干热灭菌法进行灭菌。

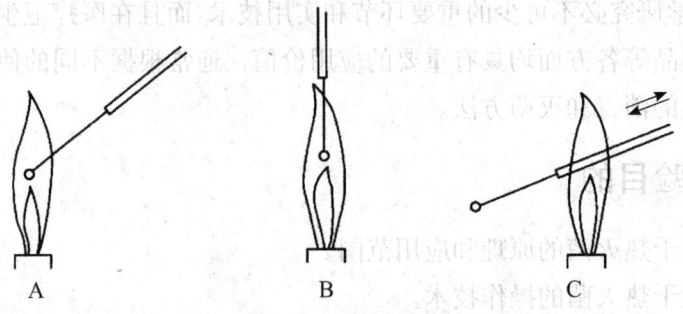

图 3-2　接种环火焰灭菌步骤(A→C)

使用电热干燥箱进行灭菌的步骤如下:

(1)装入待灭菌物品。将包好的待灭菌物品(培养皿、试管、吸管等)放入电热干燥箱内,关好箱门。

(2)温度设置。接通电源,按下设置按钮或开关,通过调节按钮将温度设置为 160～170 ℃,再将测量按钮按下或将开关拨到测量位置,这时温度显示数字逐渐上升,表明开始加温。

(3)恒温。当温度升到 160～170 ℃时,通过恒温调节器的自动控制,保持此温度 2 h。

(4)降温。切断电源,自然降温。

(5)开箱取物。待电热干燥箱内温度降到 70 ℃以下后,打开箱门,取出灭菌物品。

注意事项

(1)待灭菌物品不要摆得太挤,以免妨碍空气流通。待灭菌物品不要接触电热干燥箱内壁的铁板,以防外包装被烤焦和起火。

(2)干热灭菌过程中,严防恒温调节的自动控制失灵而造成安全事故。电热干燥箱具有可以观察的玻璃窗口,灭菌过程中玻璃温度较高,注意避免烫伤。

(3)电热干燥箱内温度未降到 70 ℃ 以前,切勿自行打开箱门,以免骤然降温导致玻璃器皿炸裂。

五、实验报告

1. 实验结果
检查干热灭菌效果是否彻底。

2. 思考题
(1)在干热灭菌操作过程中应注意哪些问题?为什么?

(2)为什么干热灭菌比湿热灭菌所需要的温度高、时间长?请设计干热灭菌和湿热灭菌效果比较的实验方案。

(3)灭菌在微生物实验操作中有何重要意义?

实验 4　高压蒸汽灭菌

一、实验目的

(1) 了解高压蒸汽灭菌的原理和应用范围。
(2) 掌握高压蒸汽灭菌的操作技术。

二、基本原理

高压蒸汽灭菌是将待灭菌物品放在一个密闭的加压灭菌容器内,通过加热,使灭菌器夹套内的水沸腾而产生蒸汽,待水蒸气将锅内的冷空气从排气阀中驱尽后,关闭排气阀,此时蒸汽不能溢出,增加了灭菌器内的压力,从而使沸点增高,得到高于 100 ℃的温度,导致菌体蛋白质凝固变性而达到灭菌的目的。

在同一温度下,湿热的杀菌效力比干热大。其原因有三点:一是湿热中细菌菌体吸收水分,蛋白质较易凝固(因蛋白质含水量增加,所需凝固温度降低);二是湿热的穿透力比干热大;三是湿热的蒸汽有潜热存在。1 g 水在 100 ℃时由气态变为液态时可释放出 2.26 kJ 的热量。这种潜热能迅速提高被灭菌物品的温度,从而增加灭菌效力。

在使用高压蒸汽灭菌锅灭菌时,灭菌锅内冷空气的完全排除极为重要,因为空气的膨胀压大于水蒸气的膨胀压,所以,在同一压力下,含空气蒸汽的温度低于饱和蒸汽的温度。

一般培养基用 0.1 MPa(相当于 1.02 kg/cm^2)、121 ℃灭菌 15~30 min 即可达到彻底灭菌的目的。灭菌的温度及维持的时间随灭菌物品的性质和容量等具体情况而有所改变。例如,含糖培养基用 0.06 MPa、113 ℃灭菌 15 min,但为了保证灭菌效果,可将其他成分先行 121 ℃灭菌 20 min,然后以无菌操作手段加入已灭菌的糖溶液。又如装于试管内的培养基以 0.1 MPa、121 ℃灭菌 20 min 即可,而盛于大瓶内的培养基最好以 0.1 MPa、121 ℃灭菌 30 min。

实验中常用的高压蒸汽灭菌锅有卧式高压蒸汽灭菌锅(图 4-1)和手提式高压蒸汽灭菌锅(图 4-2)2 种。二者的主要结构和工作原理相同,本实验以手提式高压蒸汽灭菌锅为例,介绍其使用方法。全自动高压蒸汽灭菌锅的使用方法可参照产品说明书。

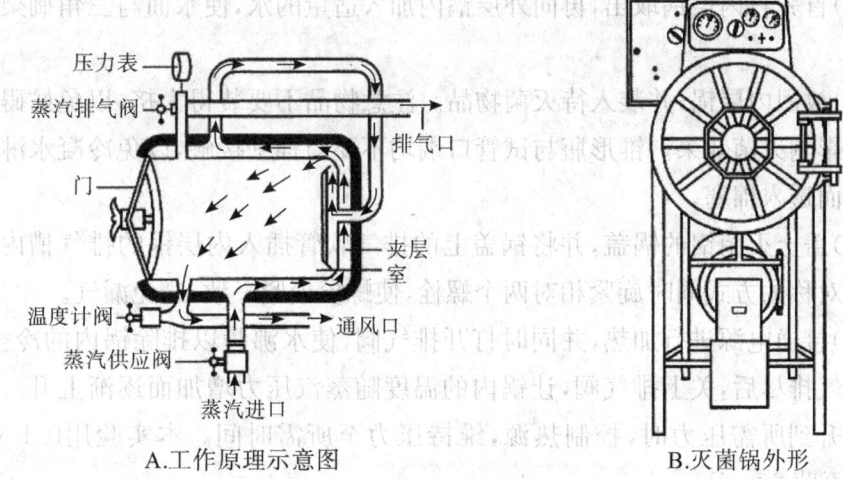

图 4-1 卧式高压蒸汽灭菌锅

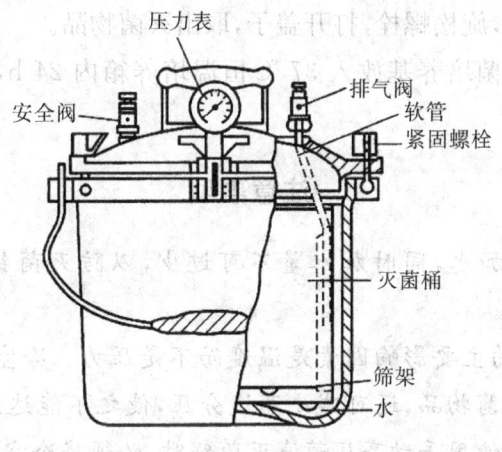

图 4-2 手提式高压蒸汽灭菌锅

三、实验器材

(1)培养基：牛肉膏蛋白胨培养基。

(2)仪器和其他用品：手提式高压蒸汽灭菌锅、培养皿(10套/包)、恒温培养箱、试管、吸管、镊子等。

四、操作步骤

高压蒸汽灭菌法一般在条件达到 0.1 MPa、121 ℃后保持灭菌 15~30 min，灭菌时间可根据待灭菌物品种类和数量而有所变化，以达到彻底灭菌为准。这种灭菌法适用于培养基、工作服、橡胶物品等的灭菌，也可用于玻璃器皿的灭菌。

高压蒸汽灭菌的操作步骤如下：

(1)首先将内层锅取出,再向外层锅内加入适量的水,使水面与三角搁架相平为宜。

(2)放回内层锅,并装入待灭菌物品。注意物品不要装得太挤,以免妨碍蒸汽流通而影响灭菌效果。锥形瓶与试管口端均不要与桶壁接触,以免冷凝水淋湿包口的纸而透入棉塞。

(3)盖上灭菌锅的锅盖,并将锅盖上的排气软管插入内层锅的排气槽内。再以两两对称的方式同时旋紧相对两个螺栓,使螺栓松紧一致,避免漏气。

(4)接通电源进行加热,并同时打开排气阀,使水沸腾以排除锅内的冷空气。待冷空气排尽后,关上排气阀,让锅内的温度随蒸汽压力增加而逐渐上升。当锅内压力升到所需压力时,控制热源,维持压力至所需时间。本实验用 0.1 MPa、121 ℃灭菌 20 min。

(5)灭菌时间到后,切断电源,让灭菌锅内温度自然下降,当压力表的压力降至 0 时,打开排气阀,旋松螺栓,打开盖子,取出灭菌物品。

(6)将取出的灭菌培养基放入 37 ℃恒温培养箱内 24 h,经检查无杂菌生长后,即可待用。

注意事项

(1)切勿忘记加水,同时加水量不可过少,以防灭菌锅烧干而引起炸裂事故。

(2)灭菌效果的主要影响因素是温度而不是压力。冷空气的导热性差,可阻碍蒸汽接触待灭菌物品,还可减小蒸汽分压,使之不能达到应有的温度而影响灭菌效果,因此,使用手动高压蒸汽灭菌锅时,必须将冷空气从灭菌锅中排除干净。

(3)一定要等压力降到 0 时,才能打开排气阀,开盖取物,否则锅内压力会突然下降,使容器内的培养基因内外压力不平衡而冲出锥形瓶口或试管口,造成棉塞沾染培养基而发生污染,甚至烫伤操作者。

五、实验报告

1. 实验结果

检查培养基经高压蒸汽灭菌后,灭菌是否彻底。

2. 思考题

(1)高压蒸汽灭菌开始之前,为什么要将锅内冷空气排尽？灭菌完毕后,为什么要待压力降到 0 时才能打开排气阀,开盖取物?

(2)在使用高压蒸汽灭菌锅灭菌时,怎样杜绝一切可能导致灭菌不彻底的因素?

(3)黑曲霉的孢子与芽孢杆菌的芽孢对热的抗性哪个更强?为什么?

实验 5　紫外线灭菌

一、实验目的

(1)了解紫外线灭菌的原理和应用范围。
(2)掌握紫外线灭菌的操作技术。

二、基本原理

紫外线灭菌是用紫外线灯照射进行灭菌的。波长为 200～300 nm 的紫外线都有杀菌能力,其中波长为 265～266 nm 的紫外线的杀菌力最强。此波长的紫外线易被细胞中的核酸吸收,造成细胞损伤而灭菌。紫外线灭菌在微生物学科研及生产实践中应用较广,无菌室或无菌接种箱内的空气可用紫外线灯照射灭菌。在波长一定的条件下,紫外线的杀菌效率与紫外线强度和照射时间的乘积成正比。紫外线灭菌的原理主要是:紫外线能诱导胸腺嘧啶二聚体的形成和 DNA 链的交联,从而抑制 DNA 的复制。同时,辐射能使空气中的 O_2 电离成氧自由基([O]),再使 O_2 氧化生成臭氧(O_3),或使水(H_2O)氧化生成过氧化氢(H_2O_2)。O_3 和 H_2O_2 均有杀菌作用。紫外线的穿透力不大,只适用于无菌室、接种箱、手术室内的空气及物体表面的灭菌。紫外线灯距离照射物以不超过 1.2 m 为宜。此外,为了加强紫外线的灭菌效果,在打开紫外线灯之前,可在无菌室(或接种箱)内喷洒 30～50 g/L 石炭酸溶液,一方面使空气中附着有微生物的尘埃降落,另一方面也可以杀死一部分细菌。无菌室内的桌面、凳子可先用 2%～3% 来苏尔擦洗,再打开紫外线灯照射,即可增强杀菌效果,达到灭菌目的。

三、实验器材

(1)培养基:牛肉膏蛋白胨培养基。
(2)试剂:30～50 g/L 石炭酸溶液、2%～3% 来苏尔等。
(3)仪器和其他用品:无菌培养皿、紫外线灯、恒温培养箱等。

四、操作步骤

1. 牛肉膏蛋白胨平板制备

在超净工作台内于酒精灯火焰上方,左手持盛有融化并冷却至45 ℃左右的牛肉膏蛋白胨培养基的锥形瓶,用右手手掌边缘与无名指夹住瓶塞,并将瓶塞轻轻地拔出,使瓶口对着火焰;然后将左手的锥形瓶换置于右手中。如果锥形瓶内的培养基一次用完,则瓶塞不必夹在手中。左手持培养皿并将皿盖在火焰旁打开一缝,迅速倒入培养基15~20 mL(图5-1),加盖后轻轻摇动培养皿,使培养基均匀分布在培养皿底部,然后平置于桌面上,待凝固后即得平板。共制备9套平板。

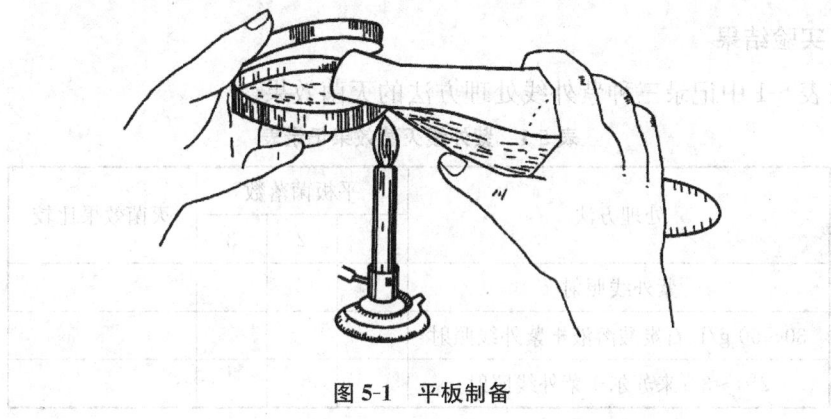

图5-1 平板制备

2. 单用紫外线照射

(1)在无菌室或超净工作台内打开紫外线灯开关,照射30 min,将开关关闭。

(2)将牛肉膏蛋白胨平板的皿盖打开,拉下超净工作台玻璃,15 min后盖上皿盖,置于37 ℃恒温培养箱内培养24 h。共做3套。

(3)检查每个平板上生长的菌落数。如果不超过4个,说明灭菌效果良好,否则,需延长照射时间或同时增加其他措施。

3. 化学消毒剂与紫外线照射结合使用

(1)在无菌室内,先喷洒30~50 g/L石炭酸溶液,再用紫外线灯照射15 min。

(2)无菌室内的桌面和凳子先用2%~3%来苏尔擦洗,再打开紫外线灯照射15 min。

(3)检查灭菌效果:方法同"单用紫外线照射"第3个步骤。

> **注意事项**
>
> （1）石炭酸溶液或来苏尔具有腐蚀性和强刺激性，对皮肤、黏膜有强烈的腐蚀作用，可致人体灼伤，操作时应戴手套。如果皮肤沾染了这些溶液，应尽快用大量水冲洗。
>
> （2）因紫外线对眼结膜及视神经有损伤作用，对皮肤有刺激作用，故操作者不能直视紫外线，更不能在紫外线下工作。

五、实验报告

1. 实验结果

在表 5-1 中记录三种紫外线处理方法的灭菌效果。

表 5-1　紫外线灭菌效果记录表

处理方法	平板菌落数			灭菌效果比较
	1	2	3	
紫外线照射				
30～50 g/L 石炭酸溶液＋紫外线照射				
2%～3% 来苏尔＋紫外线照射				

2. 思考题

（1）细菌营养体和细菌芽孢对紫外线的抵抗力一样吗？为什么？

（2）紫外线灯管是用什么玻璃制作的？为什么不用普通玻璃？

（3）在紫外线灯下观察实验结果时，为什么要隔一块普通玻璃？

实验6　细菌的简单染色和形态观察

一、实验目的

(1)掌握细菌制片及简单染色的基本技术。
(2)初步了解不同细菌的形态特征和相互区别。
(3)巩固显微镜操作及无菌操作技能。

二、基本原理

由于细菌是个体较小的单细胞,因此制片时采取涂片法,通过涂抹使细胞个体在载玻片上均匀分布,避免菌体堆积而无法观察个体形态,通过加热使细胞质凝固,将细胞固定在载玻片上,这种加热处理还可以杀死大多数细菌而且不会破坏细胞形态。

用普通光学显微镜观察细菌时,先将细菌进行染色,使之与背景形成鲜明的反差,然后就可以更清楚地观察到细菌的形状及某些细胞结构。利用单一染料对菌体进行染色的方法称为简单染色。用于染色的染料是一类苯环上带有发色基团和助色基团的有机化合物。发色基团赋予染料颜色特征,而助色基团使染料能够形成盐。不含助色基团而仅具有发色基团的苯类化合物即使具有颜色也不能用作染料,因为它不能电离,不能与酸或碱形成盐,难以与微生物细胞结合使其着色。常用的细菌染料都是盐,分为碱性染料和酸性染料,前者包括亚甲蓝(即美蓝)、结晶紫、碱性品红(即碱性复红)、番红(即沙黄)及孔雀绿等,后者包括酸性品红(即酸性复红)、伊红及刚果红等。通常采用碱性染料进行简单染色,因为细菌在碱性、中性及弱酸性溶液中通常带负电荷,而染料电离后染色部分带正电荷,很容易与细菌结合使其着色;当细菌处于酸性条件下(如细菌分解糖类产酸)所带正电荷增加时,可采用酸性染料进行染色。

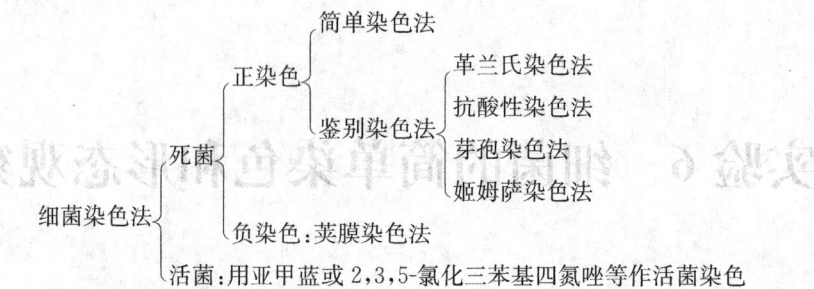

三、实验器材

(1) 菌种：枯草芽孢杆菌（B. subtilis）12~18 h 牛肉膏蛋白胨琼脂斜面培养物，金黄色葡萄球菌（S. aureus）24 h 牛肉膏蛋白胨琼脂斜面培养物。

(2) 试剂：草酸铵结晶紫染液、齐氏石炭酸品红染液、生理盐水等。

(3) 仪器和其他用品：酒精灯、载玻片、盖玻片、显微镜、双层瓶（内装香柏油和二甲苯）、擦镜纸、接种环、镊子、载玻片夹子、载玻片支架、培养皿、U 形玻璃棒、滴管、记号笔等。

四、操作步骤

1. 涂片

将载玻片泡在 95% 乙醇溶液中待用。用镊子从缸中取出一块载玻片，将载玻片在缸内壁上刮一下后，用酒精灯烧去载玻片上的残余乙醇和可能存在的油污。残余乙醇燃尽即可，不要一直灼烧载玻片。

用记号笔将载玻片平均分为两个区域并做标记；各滴半滴（或用接种环挑取 1 环）生理盐水于两个区域中央。左手持枯草芽孢杆菌斜面培养物或金黄色葡萄球菌斜面培养物，右手持接种环，按图 6-1A 和图 3-2 所示方法将接种环放在火焰中进行灼烧灭菌（烧至发红），然后在火焰旁用右手小拇指和手掌夹住并打开斜面培养物的试管塞，试管塞一直夹在小拇指和手掌之间（注意：试管塞不能放在桌面上），并将试管口在火焰上烧一下（图 6-1B）。在火焰旁，将接种环轻轻伸入斜面培养物试管的上半部（此时不要接触斜面培养物），至少冷却 5 s 后，挑起少许培养物，再烧一下试管口，盖上试管塞并将其放回试管架中（图 6-1C、D、E）。将沾有菌落的接种环置于载玻片上的生理盐水中涂抹，使菌悬液在载玻片上形成均匀薄膜。若用液体培养物涂片，可用接种环蘸取 2~3 环菌液直接涂于载玻片上（图 6-2）。接种后，将接种环在酒精灯外焰上灼烧后放置于台面上（图 6-1F）。

实验6 细菌的简单染色和形态观察

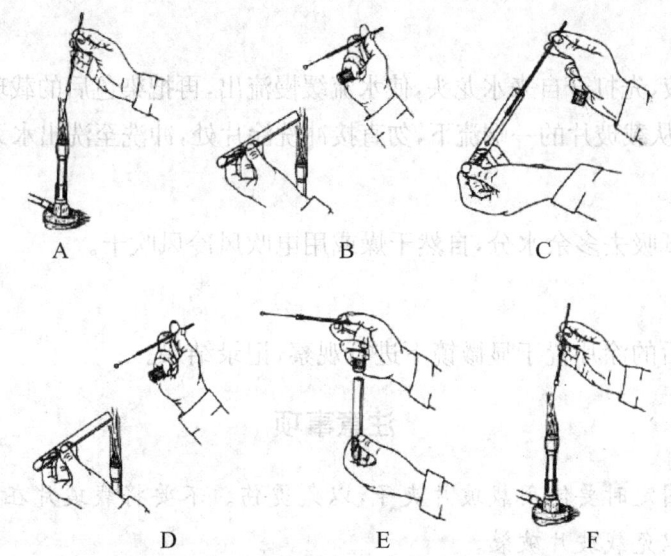

A. 在火焰上灼烧接种环；B. 取下斜面培养物的试管塞，烧试管口；
C. 将已灼烧灭菌的接种环插入斜面试管中，冷却 5~6 s 后挑取少量培养物；
D. 烧斜面试管口和试管塞；E. 盖上试管塞并放回试管架中；F. 烧接种环，放回原处

图 6-1 接种环转接菌种的操作程序

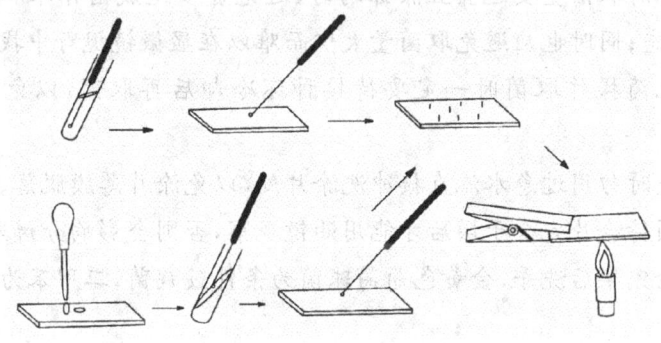

图 6-2 涂片、干燥和固定

2. 干燥

让带有菌悬液的载玻片自然干燥或用电吹风冷风吹干。

3. 固定

将载玻片的涂菌面朝上，通过火焰 2~3 次，此操作过程称为热固定，其目的是使细胞质凝固以固定细胞形态，并使之牢固附着在载玻片上。热固定温度不宜过高（以载玻片背面不烫手为宜）。

4. 染色

将载玻片平放于载玻片支架上，滴加染液覆盖涂菌部位即可，用草酸铵结晶紫染液或齐氏石炭酸品红染液染色 1 min。

5. 水洗

倾去染液,先打开自来水龙头,使水流缓慢流出,再把染色后的载玻片置于流水下冲洗,使水从载玻片的一端流下,勿直接冲洗涂片处,冲洗至洗出水无色为止。

6. 干燥

用吸水纸吸去多余水分,自然干燥或用电吹风冷风吹干。

7. 镜检

将干燥后的涂片置于显微镜下进行观察,记录结果。

注意事项

(1)热固定时要使用载玻片夹子,以免烫伤。不要将载玻片在火焰上烧烤过长时间,以免载玻片破裂。

(2)使用染液时注意避免沾到衣物和身体上。

(3)进行放线菌和霉菌制片时,应减少空气流动,避免吸入孢子。

(4)滴取生理盐水时不宜过多,否则不易涂抹均匀,且会增加干燥时间。

(5)涂片时取菌量要适宜且涂抹均匀,避免贪多造成菌体堆积而难以看清细胞个体形态;同时也应避免取菌量太少而难以在显微镜视野中找到细胞。

(6)以无菌操作取菌时一定要待接种环冷却后再取菌,以免高温使菌体变形。

(7)水洗时勿用过急水流直接冲洗涂片处,以免涂片薄膜脱落。

(8)必须待涂片完全干燥后才能用油镜观察,否则会影响分辨率。

(9)实验完毕后洗手,金黄色葡萄球菌为条件致病菌,二甲苯为有毒物质。

五、实验报告

1. 实验结果

绘图表示并说明枯草芽孢杆菌和金黄色葡萄球菌的形态特征。

2. 思考题

(1)在进行细菌涂片时应注意哪些环节?

(2)细菌制片时为什么要进行热固定?在热固定时应注意什么?

(3)为什么要求待制片完全干燥后才能用油镜观察?

(4)在微生物制片时是否都需要进行涂片?为什么?

(5)简单染色的目的及原理是什么?微生物制片时是否都需要进行染色?为什么?

实验 7　细菌的革兰氏染色法

一、实验目的

(1)掌握革兰氏染色法。
(2)了解革兰氏染色的原理。
(3)巩固显微镜操作及无菌操作技能。

二、基本原理

革兰氏染色(Gram staining)是以丹麦医师汉斯·克里斯蒂安·革兰(Hans Christian Gram)的姓氏命名的。革兰在对死于肺炎的患者肺部组织进行检查时发现,某些细菌对特定染料有很高的亲和力。他的染色方法是:首先采用苯胺-结晶紫染液进行初染,然后用卢戈氏碘液进行媒染,最后用乙醇脱色。经过这样的染色后,发现肺炎球菌保持蓝紫色,肺部组织为浅黄色,达到了将细菌与被感染的肺部组织区分开的目的。后来,德国病理学家在革兰氏染色方法的基础上加上番红复染,使其成为微生物学研究领域最常用的染色方法之一。

根据革兰氏染色的结果,可将细菌分成革兰氏阳性(G^+)菌和革兰氏阴性(G^-)菌两种类型,这是由两种细菌细胞壁结构和组成的差异所决定的(图7-1)。首先利用草酸铵结晶紫染液进行初染,所有细菌都会着上结晶紫的蓝紫色。然后利用卢戈氏碘液作为媒染剂进行处理,碘与结晶紫形成碘-结晶紫复合物,增强了染料在菌体中的滞留能力。然后用95%乙醇溶液(或丙酮)作为脱色剂进行处理,两种细菌的脱色效果不同。G^+细菌细胞壁的肽聚糖含量高,细胞壁厚且脂质含量低,肽聚糖本身并不结合染料,但其所具有的网孔结构可以滞留碘-结晶紫复合物,经乙醇(或丙酮)处理可以使肽聚糖网孔收缩而使碘-结晶紫复合物滞留在细胞壁内,菌体保持原有的蓝紫色。用复染剂(如番红)染色后仍为蓝紫色。而G^-细菌细胞壁的肽聚糖含量低,交联度低,细胞壁薄且脂质含量高,经乙醇(或丙酮)处理后脂质溶解,细胞壁的通透性增加,原先滞留在细胞壁中的碘-结晶紫复合物容易被洗脱下来,菌体变为无色,用复染剂(如番红)染色后又呈现出复染剂的颜色(红色)。

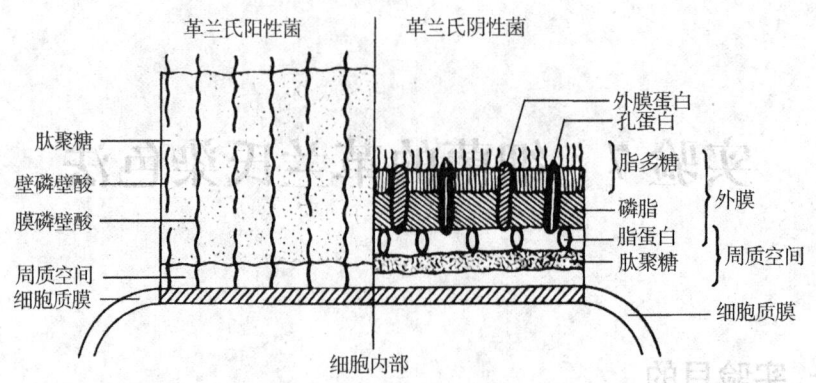

图 7-1　革兰氏阳性菌和阴性菌细胞壁结构示意图

三、实验器材

(1)菌种：大肠埃希菌(又称大肠杆菌，E. coli) 16 h 牛肉膏蛋白胨琼脂斜面培养物，金黄色葡萄球菌(S. aureus) 16 h 牛肉膏蛋白胨琼脂斜面培养物。

(2)试剂：革兰氏染液(包括草酸铵结晶紫染液、卢戈氏碘液、95％乙醇溶液和番红复染液)、无菌生理盐水、香柏油、二甲苯等。

(3)仪器和其他用品：酒精灯、载玻片、显微镜、双层瓶、擦镜纸、接种环、试管架、镊子、载玻片夹子、载玻片支架、滤纸和滴管等。

四、操作步骤

1. 制片

取活跃生长期(对数期)的菌株，按简单染色法中的方法进行涂片(不宜过厚)、干燥和固定。

2. 初染

滴加草酸铵结晶紫染液 1 滴，覆盖在涂菌部位，染色 1～2 min 后倾去染液，水洗至流出水无色。

3. 媒染

先用卢戈氏碘液冲去残留水迹，再用卢戈氏碘液覆盖 1 min，倾去碘液，水洗至流出水无色。

4. 脱色

先将载玻片上的残留水用吸水纸吸去或用 95％乙醇溶液冲去残留水迹，再将载玻片倾斜，在白色背景下用滴管流加 95％乙醇溶液进行脱色(一般 20～30 s)，当流出乙醇溶液无色时，立即用水洗去乙醇。

5. 复染

先将载玻片上的残留水用吸水纸吸去或用番红复染液冲去残留水迹,再用番红复染液染色 2 min,水洗至流出水无色,用吸水纸吸干水分或用电吹风冷风吹干(图 7-2)。

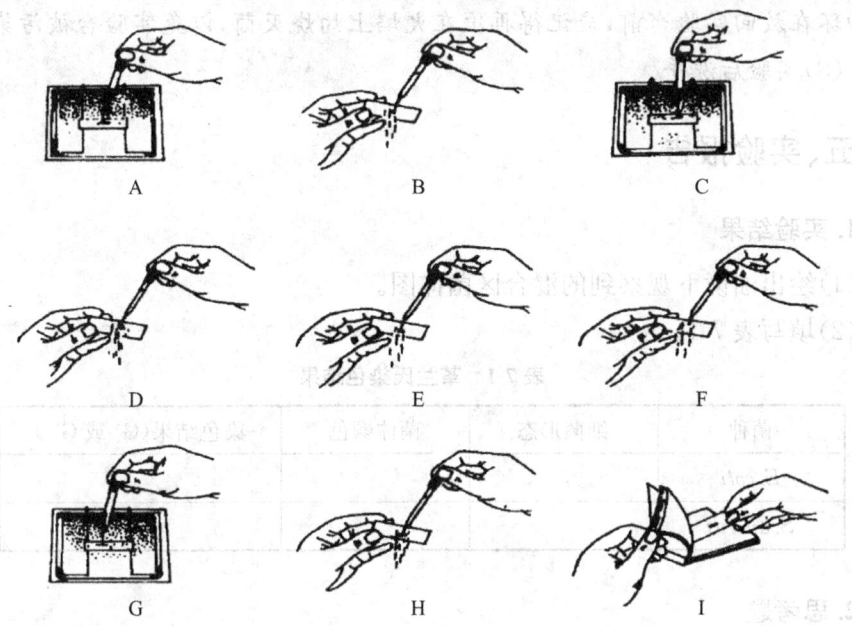

A. 草酸铵结晶紫染液初染 1~2 min;B. 水洗;C. 卢戈氏碘液媒染 1 min;
D. 水洗;E. 95%乙醇溶液脱色 20~30 s;F. 水洗;
G. 番红复染液复染 2 min;H. 水洗;I. 用吸水纸吸干水分

图 7-2 革兰氏染色程序

6. 镜检

按由低倍镜到高倍镜再到油镜的顺序进行观察。

7. 混合涂片染色

在载玻片同一区域用大肠杆菌和金黄色葡萄球菌混合涂片,其他步骤同上。

注意事项

(1)加热时使用载玻片夹子及试管夹,以免烫伤。

(2)使用染料时注意避免沾到衣物和身体上。

(3)使用乙醇脱色时勿靠近火焰。

(4)应选用活跃生长期的菌株进行染色,老龄的革兰氏阳性菌会被染成红色而造成假阴性。

(5)涂片不宜过厚,以免脱色不完全造成假阳性。

(6)脱色是革兰氏染色的关键步骤之一,脱色不够可造成假阳性,脱色过度可造成假阴性。

(7)使用酒精灯时注意不要被火焰灼伤或烧到衣物;取过微生物培养物的接种环在放回实验台前,应记得再次在火焰上灼烧灭菌,以免实验台被污染。

(8)实验后洗手。

五、实验报告

1. 实验结果

(1)绘出油镜下观察到的混合区菌体图。

(2)填写表 7-1。

表 7-1 革兰氏染色结果

菌种	细菌形态	菌体颜色	染色结果(G^+ 或 G^-)
E. coli			
S. aureus			

2. 思考题

(1)革兰氏染色过程中需要注意哪些问题?为什么?

(2)现有一株未知杆菌,其个体明显大于大肠杆菌,请你鉴定该菌是革兰氏阳性菌还是革兰氏阴性菌,如何确定染色结果的正确性?

(3)为什么用老龄菌进行革兰氏染色会造成假阴性?

(4)你认为革兰氏染色法中哪个步骤可以省略?在什么情况下可以省略?

(5)革兰在对死于肺炎的患者肺部组织进行检查时发现,经过染色,某些细菌(如肺炎球菌)保持蓝紫色,肺部组织为浅黄色,为什么肺部组织细胞未被染成蓝紫色?

(6)脱色是革兰氏染色法的关键步骤之一,但脱色时间的掌握对初学者来说有一定难度,因此,有些初学者常用多块载玻片来制片以寻找适宜的脱色时间。如果老师要求使用一块载玻片,将大肠杆菌和金黄色葡萄球菌混合涂片,那么如何设计实验寻找适宜的脱色时间?

实验 8　培养基的配制

培养基是人工配制的适合微生物生长繁殖或积累代谢产物的营养基质,用于培养、分离、鉴定、保存各种微生物或积累代谢产物。在自然界中,微生物种类繁多,营养类型多样,加之实验和研究的目的不同,因此,培养基的种类很多。但是,不同种类的培养基一般都应含有水分、碳源、氮源、无机盐和生长因子等。不同微生物对 pH 的要求不一样,霉菌和酵母菌的培养基一般是酸性的,而细菌和放线菌的培养基一般是中性或微碱性的(嗜碱细菌和嗜酸细菌例外)。所以在配制培养基时,要根据不同微生物的要求将培养基的 pH 调到相应的范围内。

此外,由于配制培养基的各类营养物质和容器等含有各种微生物,因此,已配制好的培养基必须立即灭菌。如果来不及灭菌,则应将培养基暂存于冰箱内,以防其中的微生物生长繁殖而消耗养分,改变培养基的酸碱度,从而带来不利影响。

根据微生物种类和实验目的,可以将培养基分成不同的类型。例如,按培养基的成分来源,可将培养基分为天然培养基、合成培养基和半合成培养基;按培养基的物理状态,可将培养基分为固体培养基、半固体培养基和液体培养基;按培养基的用途,可将培养基分为基础培养基、鉴别培养基和选择培养基。

一、实验目的

(1)掌握培养基的配制原理。

(2)通过配制牛肉膏蛋白胨培养基、高氏 I 号培养基和马丁培养基,掌握配制培养基的一般方法和步骤。

(3)掌握血液琼脂培养基的配制方法,了解血液琼脂培养基的用途。

二、基本原理

牛肉膏蛋白胨培养基是一种应用最广泛和最普通的细菌基础培养基,又称为普通培养基。由于这种培养基中含有一般细菌生长繁殖所需要的最基本的营养物质,因此可供微生物生长繁殖使用。该培养基含有牛肉膏、蛋白胨和 NaCl,其中牛肉膏为微生物提供碳源、能源、磷酸盐和维生素,蛋白胨主要提供氮源和维生素,而 NaCl 作为无机盐。

由于这种培养基多用于培养细菌,因此,要用稀酸或稀碱将其pH调至中性或微碱性,以利于细菌的生长繁殖。在配制固体培养基时,还要加入一定量的琼脂作凝固剂。

高氏Ⅰ号培养基是用来培养放线菌和观察其形态特征的合成培养基。如果加入适量的抗菌药物(如各种抗生素、石炭酸等),则可用来分离各种放线菌。合成培养基的主要特点是含有多种化学成分已知的无机盐,这些无机盐可能相互作用而产生沉淀。如高氏Ⅰ号培养基中的磷酸盐和镁盐混合时易产生沉淀,因此,在混合培养基成分时,一般应按配方的顺序依次溶解各成分,甚至有时还需要将两种或多种成分分别灭菌,使用时再按比例混合。此外,有的合成培养基还要补加微量元素,如高氏Ⅰ号培养基中的$FeSO_4 \cdot 7H_2O$的用量只有0.01 g/L,因此,在配制培养基时需预先配制高浓度的$FeSO_4 \cdot 7H_2O$储备液,然后按需加入培养基中。

马丁培养基是一种用来分离真菌的选择性培养基。此培养基由葡萄糖、蛋白胨、KH_2PO_4、$MgSO_4 \cdot 7H_2O$、孟加拉红和链霉素等组成,其中葡萄糖主要作为碳源,蛋白胨主要作为氮源,KH_2PO_4和$MgSO_4 \cdot 7H_2O$作为无机盐,为微生物提供钾离子、磷离子和镁离子。这种培养基的特点是:培养基中加入的孟加拉红和链霉素能有效抑制细菌和放线菌的生长,而对真菌无抑制作用,因此,真菌在这种培养基上可以得到优势生长,从而达到分离真菌的目的。

血液琼脂培养基是一种含有脱纤维动物血(一般用兔血或羊血)的牛肉膏蛋白胨培养基。除培养细菌所需要的各种营养外,该培养基还能提供辅酶(如V因子)、血红素(X因子)等特殊生长因子,因此,血液琼脂培养基常用于培养、分离和保存对营养要求苛刻的某些病原微生物。此外,这种培养基还可用于测定细菌的溶血作用。

> **琼脂的融化和凝固**
>
> 琼脂在常用浓度下96 ℃时融化,实际应用时,一般在沸水浴中或下面垫以石棉网煮沸融化,以免琼脂被烧焦。琼脂在40 ℃及以下时凝固,通常不被微生物分解利用。固体培养基中琼脂的含量根据琼脂的质量和培养温度而有所不同。

三、实验器材

(1)实验动物:健康的家兔或羊。

(2)试剂:牛肉膏、蛋白胨、NaCl、琼脂、可溶性淀粉、KNO_3、$K_2HPO_4 \cdot 3H_2O$、$MgSO_4 \cdot 7H_2O$、$FeSO_4 \cdot 7H_2O$、KH_2PO_4、葡萄糖、孟加拉红、链霉素、蒸馏水、1 mol/L NaOH溶液、1 mol/L HCl溶液等。

(3)仪器和其他用品：无菌试管、锥形瓶、装有 5~10 粒玻璃珠（直径 3 mm）的无菌锥形瓶、烧杯、量筒、玻璃棒、培养基分装器、天平、无菌注射器、无菌培养皿、牛角匙、高压蒸汽灭菌器、恒温培养箱、pH 试纸（pH 5.5~9.0）、棉花、牛皮纸（或铝箔纸）、记号笔、麻绳和纱布等。

四、操作步骤

（一）牛肉膏蛋白胨培养基的配制

牛肉膏蛋白胨培养基的配方见表 8-1。

表 8-1　牛肉膏蛋白胨培养基的配方

成分	用量	成分	用量
牛肉膏	3.0 g	蛋白胨	10.0 g
NaCl	5.0 g	琼脂	15.0~20.0 g
蒸馏水	1000 mL	pH	7.4~7.6

1. 称量

按培养基配方依次准确地称取牛肉膏、蛋白胨、NaCl 并放入烧杯中。牛肉膏常用玻璃棒挑取，放在称量纸上称量，称量后直接放入水中，这时如稍微加热，牛肉膏便会与称量纸分离，然后立即取出称量纸。

2. 溶化

在上述烧杯中先加入少于所需要量的蒸馏水，用玻璃棒搅匀，在石棉网上加热使药品溶解，药品完全溶解后，补充蒸馏水到所需的总体积。如果配制固体培养基，则将称好的琼脂放入已溶的药品中，再加热使其完全溶化，最后补足所损失的水分。在配制用锥形瓶存放的固体培养基时，一般也可先将一定体积的液体培养基分装于锥形瓶中，然后按 15~20 g/L 将琼脂直接加入各锥形瓶中，不必加热溶化，而是灭菌和加热溶化同步进行，可以节省时间。

3. 调节 pH

在未调节 pH 前，先用精密 pH 试纸测量培养基的原始 pH，若培养基偏酸，则用滴管向培养基中逐滴加入 1 mol/L NaOH 溶液，边滴加边搅拌，并随时用 pH 试纸测其 pH，直至 pH 为 7.4~7.6。若培养基偏碱，则用 1 mol/L HCl 溶液进行调节。

4. 过滤

趁热用滤纸或多层纱布过滤，以利于某些实验结果的观察。一般无特殊要求的情况下，这一步可以省去（本实验无须过滤）。

5. 分装

按实验要求,将配制好的培养基分装于试管或锥形瓶内。

(1)液体分装。分装于试管的量以试管高度的 1/4 左右为宜。分装于锥形瓶的量则根据需要而定,一般以不超过锥形瓶容积的 1/2 为宜,如果用于振荡培养,则根据通气量的要求酌情减少分装量;有的液体培养基在灭菌后,需要补加一定量的其他无菌成分,如抗生素等,则分装量一定要准确。

(2)固体分装。分装于试管的量不超过试管高度的 1/3,灭菌后制成斜面,斜面长度不超过试管高度的 2/3。分装于锥形瓶的量以不超过锥形瓶容积的 1/2 为宜。

(3)半固体分装。分装量一般以试管高度的 1/3 为宜,灭菌后垂直放置,待凝固。

6. 加塞

培养基分装完毕后,在试管口或锥形瓶口上塞上棉塞(或硅胶塞),以阻止外界微生物进入培养基内而造成污染。

7. 包扎

试管加塞后,将全部试管用麻绳捆好,再在棉塞外包一层牛皮纸,以防止灭菌时冷凝水润湿棉塞,再用一道麻绳将牛皮纸扎好。用记号笔在牛皮纸上注明培养基名称、组别和配制日期。锥形瓶加塞后,在瓶塞外包牛皮纸,用麻绳以活结系好,同样用记号笔在牛皮纸上注明培养基名称、组别和配制日期。

8. 灭菌

将上述培养基在 0.1 MPa、121 ℃条件下灭菌 20 min。

9. 搁置斜面

待灭菌后的试管培养基冷却至 50 ℃左右时,将试管口搁置在玻璃棒或其他棒状支持物上冷却凝固,如图 8-1 所示。

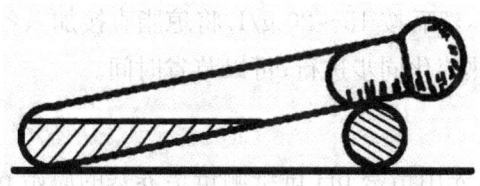

图 8-1 搁置斜面

10. 无菌检查

将灭菌后的培养基放入 37 ℃恒温培养箱中培养 24～48 h,检查灭菌是否彻底。

(二)高氏Ⅰ号培养基的配制

高氏Ⅰ号培养基的配方见表8-2。

表8-2 高氏Ⅰ号培养基的配方

成分	用量	成分	用量
可溶性淀粉	20.0 g	KNO_3	1.0 g
$K_2HPO_4 \cdot 3H_2O$	0.5 g	NaCl	0.5 g
$MgSO_4 \cdot 7H_2O$	0.5 g	$FeSO_4 \cdot 7H_2O$	0.01 g
琼脂	15.0~20.0 g	蒸馏水	1000 mL
pH	7.4~7.6		

1. 称量和溶化

按培养基配方先称取可溶性淀粉,放入小烧杯中,并用少量冷水将淀粉调成糊状,再将淀粉糊加入少于所需水量的沸水中,继续加热,使可溶性淀粉完全溶化。然后称取其他各成分依次溶化。对微量成分 $FeSO_4 \cdot 7H_2O$ 可先配成高浓度的储备液,按比例换算后再加入。配制方法是先在 50 mL 水中加入 0.5 g 的 $FeSO_4 \cdot 7H_2O$,配成 0.01 g/mL 高浓度储备液,再在培养基中加入 1 mL 0.01 g/mL 的储备液即可。待所有药品完全溶解后,补充水分到所需体积。

2. pH调节、分装、加塞、包扎、灭菌和无菌检查

同牛肉膏蛋白胨培养基配制的相关内容。

(三)马丁培养基的配制

马丁培养基的配方见表8-3。

表8-3 马丁培养基的配方

成分	用量	成分	用量
KH_2PO_4	1.0 g	$MgSO_4 \cdot 7H_2O$	0.5 g
蛋白胨	5.0 g	葡萄糖	10.0 g
琼脂	15.0~20.0 g	蒸馏水	1000 mL
10 g/L 孟加拉红	3.3 mL	pH	自然
10 g/L 链霉素	3 mL(制备平板前添加)		

1. 称量和溶化

按培养基配方准确称取各成分,并将各成分依次溶于少于所需要量的水中。

将各成分完全溶化后,补足水分到所需体积。再将孟加拉红配成 10 g/L 的溶液,在 1000 mL 培养基中加入 10 g/L 孟加拉红溶液 3.3 mL。混匀后,加入琼脂加热溶化。

2. 分装、加塞、包扎、灭菌和无菌检查

同牛肉膏蛋白胨培养基配制的相关内容。

3. 链霉素的加入

用无菌水将链霉素配成 10 g/L 的溶液,在 1000 mL 培养基中加入 3 mL 10 g/L 链霉素溶液。

(四)血液琼脂培养基的配制

除含有无菌脱纤维兔血(或羊血)100 mL 外,血液琼脂培养基配方的其他成分同牛肉膏蛋白胨培养基。

1. 牛肉膏蛋白胨培养基的配制

同上。

2. 无菌脱纤维兔血的制备

将家兔放在特制的木盒内,头伸出在外;在耳背外侧边缘剃毛后(图 8-2),用乙醇棉球消毒剃毛区并摩擦该区域边缘静脉上方的皮肤,使静脉扩张充血;在剃毛区涂一层凡士林,以防止血液流出时散开;用解剖刀或刀片斜切边缘静脉(注意:要掌握好深度,不要将静脉切断),同时左手指按紧切口前面耳尖部位的静脉,并立刻将无菌试管放在切口下面,收集血液(此时按压耳尖静脉的手指换到耳基部按紧,防止血流回流);取血完毕后,放松耳基部的压迫,用消毒干棉花紧压切口处,防止血流不止。

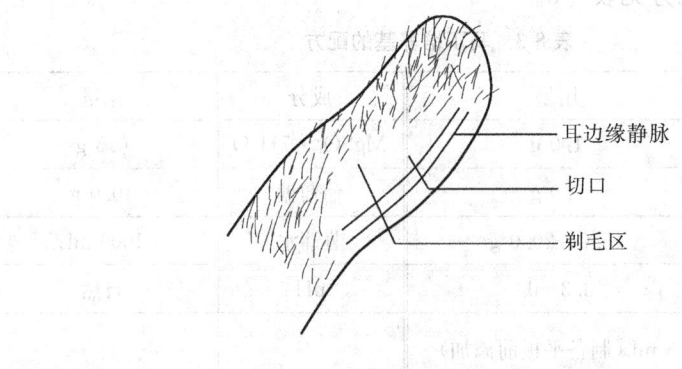

图 8-2 家兔耳边缘静脉放血切口图

用配备 18 号针头的注射器以无菌操作抽取全血,并立即注入装有玻璃珠的无菌锥形瓶中,然后沿一个方向摇动锥形瓶 10 min 左右,静置 5 min;形成的纤蛋白块会沉淀在玻璃珠上,把含血细胞和血清的上清液倾入无菌容器中(也可用无菌纱布过滤),即得到脱纤维兔血,置于4℃冰箱内保存备用。

3. 无菌脱纤维兔血的加入

将牛肉膏蛋白胨培养基融化,待冷却至45~50℃时,以无菌操作按10%的体积将无菌脱纤维兔血加入培养基中,立即轻摇振荡,使血液和培养基充分混匀。

4. 平板制备

迅速以无菌操作将培养基倒入无菌培养皿中,制成血液琼脂平板。注意不要产生气泡。

5. 无菌检查

将血液琼脂平板置于37℃条件下过夜,如无菌生长,即可使用。

注意事项

(1)蛋白胨很易吸湿,在称取时动作要迅速。另外,称量药品时应严防药品混杂,一把牛角匙只用于取一种药品,或称取一种药品后,将牛角匙洗净、擦干再取另一种药品。瓶盖也不要盖错。

(2)在琼脂融化过程中,应控制火力,以免培养基因沸腾而溢出容器,同时,需不断搅拌,以防琼脂糊底烧焦、烧杯破裂。配制培养基时,不可用铜锅或铁锅等金属容器加热融化,以免离子进入培养基中,影响细菌生长。

(3)pH不要调过头,以免回调而影响培养基内各离子的浓度。配制pH低的琼脂培养基时,若预调好pH并在高压蒸汽下灭菌,则琼脂会因水解而不能凝固。因此,应将培养基的其他成分和琼脂分开灭菌后再混合。

(4)分装过程中,不要把培养基沾到管(瓶)口上,以免沾污棉塞而引起污染。

(5)在制备脱纤维兔血过程中,必须严格遵守无菌操作,应摇动足够的时间以防凝固,但是摇动力度不可过大,以免破坏红细胞。

(6)待培养基冷却至45~50℃时才能加入血液或链霉素,这是为了保护其中某些不耐热的物质和保持血细胞的完整性,以便于观察细菌的溶血作用和防止链霉素的分解,同时,在此温度时琼脂不会凝固。

五、实验报告

(1)培养基配制好后,为什么必须立即灭菌?如何检查灭菌后的培养基是否是无菌的?

(2)在配制培养基的操作过程中应注意哪些问题?为什么?

(3)在配制合成培养基过程中,最好用什么方法加入微量元素?天然培养基中为什么不需要另外添加微量元素?

(4)有人认为自然环境中微生物是生长在不按比例的基质中的,为什么在配制培养基时要注意各种营养成分的比例?

(5)细菌能在高氏Ⅰ号培养基上生长吗?为了分离放线菌,应该采取什么措施?

(6)什么是选择性培养基?它在微生物学实验工作中有何重要性?

(7)现有培养基成分如下:

成分	用量	成分	用量
葡萄糖	10.0 g	$K_2HPO_4 \cdot 3H_2O$	0.2 g
NaCl	0.2 g	$MgSO_4 \cdot 7H_2O$	0.2 g
K_2SO_4	0.2 g	$CaCO_3$	5.0 g
琼脂	0.2 g	蒸馏水	1000 mL
pH	7.2~7.4		

①分析各营养成分的作用。

②根据培养基的成分来源和物理状态,你认为此培养基属于何种类型的培养基?

③该培养基的用途是什么?请说明其理由。

(8)在用马丁培养基分离真菌时,发现有细菌生长,你认为这是由什么原因造成的?你将如何进一步分离纯化得到所需要的真菌?

(9)在培养、分离和保存病原微生物时,为什么要在培养基中加入脱纤维血液?

(10)在制备血液琼脂培养基时,所加入的血液不经脱纤维处理可以吗?为什么?

实验 9　显微镜直接计数法

一、实验目的

掌握使用血细胞计数板测定微生物细胞或孢子数量的方法。

二、基本原理

显微镜直接计数法(简称"显微计数法")是将适当浓度待测样品的悬液置于一种特殊的有确定容积小室的载玻片上,在显微镜下直接观察、计数的方法。目前国内外常用的可进行显微计数的专用计菌器包括血细胞计数板、彼得罗夫·霍泽(Peterof-Hauser)计菌器以及霍克斯利(Hawksley)计菌器等,它们的基本原理相同,均可用于各种微生物单细胞(孢子)悬液的计数。其中血细胞计数板较厚,不能使用油镜进行观察,常用于个体相对较大的酵母菌细胞、霉菌孢子等的计数,而后两种计菌器较薄,可用油镜对细菌等个体相对较小的细胞进行观察和计数。显微计数法的优点是直观、快速、操作简单,缺点是所测得的结果通常是死菌体和活菌体的总和,难以对运动性强的活菌进行计数。目前已有一些方法可以克服这些缺点,如结合活菌染色法来达到只计数活菌体的目的,或用染色处理等杀死细胞以计数运动性细菌等。本实验以最常用的血细胞计数板为例对显微计数法的具体操作方法进行介绍。

血细胞计数板是一块特制的载玻片,其上由 4 条槽构成 3 个平台;中间较宽的平台又被一短横槽隔成两半,每一边的平台上各刻有一个方格网,每个方格网共分为 9 个大方格,中间的大方格即计数室。血细胞计数板构造如图 9-1 所示。计数室的刻度一般有两种规格,一种是一个大方格分成 25 个中方格,而每个中方格又分成 16 个小方格;另一种是一个大方格分成 16 个中方格,而每个中方格又分成 25 个小方格,但无论是哪一种规格的计数板,每个大方格中的小方格都是 400 个。每个大方格边长为 1 mm,则每个大方格的面积为 1 mm^2,盖上盖玻片后,盖玻片与载玻片之间的高度为 0.1 mm,所以计数室的容积为 0.1 mm^3(10^{-4} mL)。计数时,通常数 5 个中方格的总菌数,然后求得每个中方格的菌数的平均值,再乘上 25 或 16,就得出一个大方格中的总菌数,然后再换算成 1 mL 菌

液中的总菌数。以 25 个中方格的计数板为例,设 5 个中方格中的总菌数为 A,菌液稀释倍数为 B,则

$$1 \text{ mL 菌液中的总菌数} = A/5 \times 25 \times 10^4 \times B$$

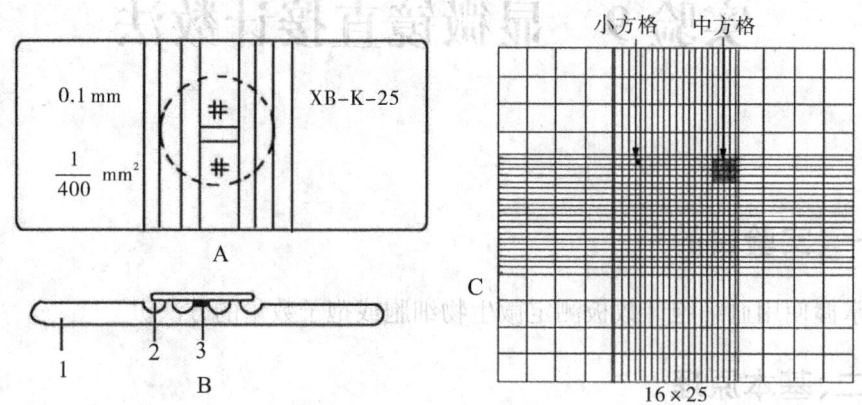

A. 正面图;B. 纵切面图;C. 放大后的网格,中间大方格为计数室

1. 血细胞计数板;2. 盖玻片;3. 计数室

图 9-1　血细胞计数板构造示意图

三、实验器材

(1) 菌种:酿酒酵母(*Saccharomyces cerevisiae*)斜面培养物,米曲霉(*Aspergillus oryzae*)斜面培养物。

(2) 试剂:生理盐水。

(3) 仪器和其他用品:普通光学显微镜、血细胞计数板、盖玻片、擦镜纸、软布、接种环、小玻璃珠、试管、脱脂棉、毛细滴管、玻璃小漏斗、锥形瓶等。

> **本实验为什么采用上述菌种?**
>
> 显微镜直接计数法适宜对能在液体中均匀分散的微生物细胞或孢子进行直接计数。通常使用的血细胞计数板不适合使用油镜进行观察,因此,本实验采用个体相对较大的酵母菌细胞及霉菌孢子作为实验材料,以保证实验的观察效果,使学生能较快地掌握显微计数法的原理和具体操作过程。

四、操作步骤

1. 菌悬液制备

将 5 mL 无菌生理盐水加到酿酒酵母或米曲霉培养斜面上,用无菌接种环在斜面上轻轻来回刮动,将制备的悬液倒入盛有 5 mL 生理盐水和玻璃珠的锥形瓶

中,充分振荡,使细胞(孢子)分散。米曲霉孢子液随后还应用无菌脱脂棉和玻璃漏斗进行过滤,去除菌丝。上述菌悬液在使用前可根据需要适当稀释。

2. 检查血细胞计数板

在加样前,应先对血细胞计数板的计数室进行镜检。若有污物,可用自来水冲洗,再用95%乙醇棉球轻轻擦洗,然后用吸水纸吸干或用电吹风吹干。

3. 加样品

将清洁干燥的血细胞计数板盖上盖玻片,用无菌毛细滴管吸取摇匀后的酿酒酵母菌悬液或米曲霉孢子液,在盖玻片边缘滴一小滴,让菌液(孢子液)沿缝隙靠毛细渗透作用自动进入计数室,再用镊子轻压盖玻片,以免因菌液(孢子液)过多将盖玻片顶起而改变计数室的容积。加样后静置 5 min,使细胞或孢子自然沉降。

4. 显微镜计数

将加有样品的血细胞计数板置于显微镜载物台上,先用低倍镜找到计数室所在位置,然后换成高倍镜进行计数。若发现菌液(孢子液)太浓或太稀,则需重新调节稀释度后再计数。一般样品稀释度以每小格内有 5~10 个菌体细胞或孢子为宜。每个计数室选 5 个中格,可选 4 个角的中格和中央的一个中格进行计数。位于格线上的菌体一般只数上方和右边线上的。如遇酵母菌出芽,芽体大小达到母细胞的一半时,即作为两个菌体计数。要根据从两个计数室中计得的平均值来计算样品的含菌量。

5. 清洗

计数完毕后,将血细胞计数板及盖玻片按照规范程序进行清洗、干燥,放回盒中,以备下次使用。

注意事项

(1)活细胞是透明的,因此,在进行显微计数或悬滴法观察时,均应适当降低视野亮度,以增大反差。

(2)在显微镜计数时,应先在低倍镜下寻找大方格的位置,找到计数室后将其移至视野中央,再换成高倍镜进行观察和计数。

(3)用接种环在培养斜面上刮取时动作要轻柔,不要将琼脂培养基一起刮起。

(4)计数板上计数室的刻度非常细,清洗时切勿使用刷子等硬物,也不可用酒精灯火焰烘烤计数板。

(5)取样时要先摇匀菌液,加样时计数室内不可有气泡产生。

五、实验报告

1. 实验结果

将显微计数的结果记录于表 9-1 中，A 表示 5 个中方格中的总菌数，B 表示菌液稀释倍数。

表 9-1　显微计数结果记录表

		各中格菌数					A	B	两室平均值	每毫升菌（孢子）数
		1	2	3	4	5				
酿酒酵母	第一室									
	第二室									
米曲霉	第一室									
	第二室									

2. 思考题

结合你的实验体会，总结哪些因素会造成血细胞计数板的计数误差，并分析如何避免或减小这些误差。

实验 10　平板计数法

一、实验目的

掌握平板计数的基本原理和方法。

二、基本原理

平板计数法是将待测样品适当稀释,使微生物菌体充分分散成单个细胞,取一定量的菌液涂布在平板上;在适宜条件下培养,平板上出现由细胞生长繁殖形成的肉眼可见的菌落。基于一个单菌落代表原样品中一个单细胞的原则统计菌落数,根据其稀释倍数和取样量即可换算出样品细胞的密度(菌数/mL)。但是,由于待测样品往往不易完全分散成单个细胞,平板上形成的单菌落有可能来自样品中 2 个或 2 个以上的细胞,因此,平板计数的结果往往低于待测样品中的实际活菌数。为了清楚地表明平板计数的结果,使用菌落形成单位(colony forming unit,CFU)这个概念,而不以绝对菌落数来表示样品的活菌含量。

平板计数法主要有稀释混合平板法和稀释涂布平板法。稀释混合平板法操作较烦琐,易受多种因素的影响,需培养一定时间后才能获得结果。平板计数法可以获得待测样品中的实际活菌数量,因而一直被广泛用于生物制品(如活菌制剂)、食品、饮料和水体(包括水源水)等的含菌指数或污染程度的检测。

本实验选用稀释混合平板法进行微生物学实验教学。

三、实验器材

(1)菌种:大肠杆菌(E. coli)菌悬液。

(2)培养基:牛肉膏蛋白胨培养基。

(3)仪器和其他用品:无菌移液管(1 mL)、无菌培养皿、盛有 9 mL 无菌水的试管、试管架和恒温培养箱等。

四、操作步骤

1. 标记

取无菌培养皿9套，分别用记号笔标记10^{-4}、10^{-5}和10^{-6}（稀释度）各3套；另取6支盛有9 mL无菌水的试管，依次标记10^{-1}、10^{-2}、10^{-3}、10^{-4}、10^{-5}和10^{-6}。

2. 稀释

用1 mL无菌移液管吸取1 mL已充分混匀的大肠杆菌菌悬液（待测样品），加入10^{-1}试管中，此为10倍稀释。

将10^{-1}试管置于试管振荡器上振荡，使菌液充分混匀。或另取一支1 mL无菌移液管插入10^{-1}试管中来回吹吸菌悬液1~3次，进一步将菌体分散，使其分布均匀。用此移液管吸取10^{-1}菌悬液1 mL，加入10^{-2}试管中，此为100倍稀释。依次类推稀释至10^{-6}（图10-1）。

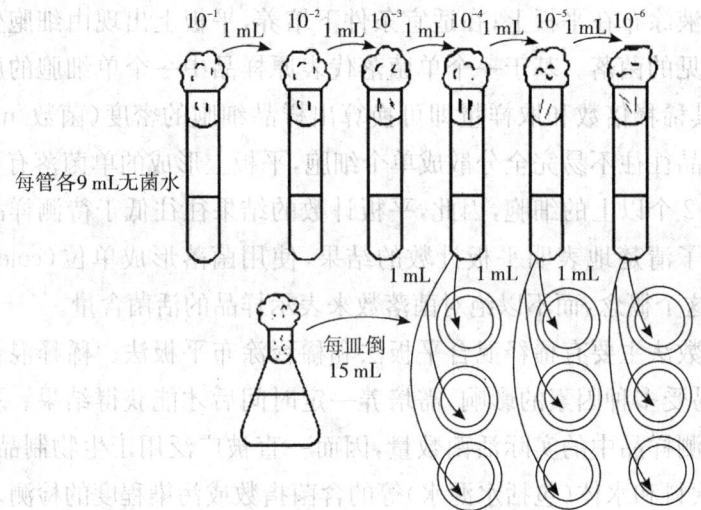

图10-1 大肠杆菌菌悬液稀释和混合平板制备

吹吸菌液时不要太猛太快，吸菌液时移液管伸入管底，吹菌液时移液管离开液面，避免将移液管中的过滤棉花浸湿或使试管内液体外溢。放菌液时移液管尖端不要碰到液面，否则会影响计数的准确性。此外，每一支移液管只能接触一个稀释度的菌悬液，否则稀释会不精确，导致结果误差较大。

3. 取样

用3支1 mL无菌移液管分别吸取10^{-4}、10^{-5}和10^{-6}的稀释菌悬液各1 mL，对号放入相应的培养皿中央处。

4. 倒平板

先将融化后冷却至45 ℃左右的牛肉膏蛋白胨培养基倒入加有菌悬液的

10^{-4}、10^{-5}和10^{-6}培养皿中(约 15 mL/皿),再立即旋转培养皿,使培养基和稀释菌悬液混合均匀,然后将培养皿小心平放在实验台平面处,待培养基凝固。

5. 培养

将混合平板倒置于 37 ℃恒温培养箱中培养 1~2 天。

6. 计数

培养好后取出平板,统计并计算出同一稀释度 3 个平板上的平均菌落数,再按下列公式计算出每毫升中的菌落形成单位:

CFU＝同一稀释度 3 个平板上的平均菌落数×稀释倍数

选择平板上长有 30~300 个菌落的稀释度计算每毫升的含菌量较为合适。同一稀释度 3 个平板上的菌落数不应相差很大,否则表示实验不精确。

平板计数法所选择的稀释度很重要。一般以 3 个连续稀释度中第 2 个稀释度在平板上所出现的平均菌落数在 50 个左右为宜,否则要调整菌液稀释度。

稀释涂布平板法与稀释混合平板法的操作基本相同,二者的不同点是:前者先倒平板,再将菌液涂布在平板上;而后者是先将菌液放在培养皿中央处,再倒入融化的培养基与菌液混合均匀。

五、实验报告

1. 实验结果

将培养后的菌落计数结果填入表 10-1。

表 10-1 平板计数结果记录表

稀释度	10^{-4}				10^{-5}				10^{-6}			
平板编号	1	2	3	平均	1	2	3	平均	1	2	3	平均
菌落数												
菌落总数(CFU/mL)												

2. 思考题

(1)为什么融化后的培养基要冷却至 45 ℃左右才能倒平板?如何判断倒入培养皿的固体培养基已凝固?

(2)要使平板计数准确,需要掌握哪几个关键步骤?为什么?

(3)试比较平板计数法和显微镜直接计数法的优缺点及应用范围。

(4)当平板上长出的菌落不是均匀分散的,而是集中在一起时,你认为问题出在哪里?

实验 11 实验室环境和人体表面微生物检查

一、实验目的

(1) 证实实验室环境与人体表面存在微生物。
(2) 体会无菌操作的重要性。
(3) 观察不同类群微生物的菌落形态特征。

二、基本原理

如何知道我们周围存在着看不见的微生物呢？也就是说，如何使看不见的微生物变得"看得见"呢？解决这个问题的一种方法是使用显微镜，将微生物个体放大，使我们能够看到它们；另一种方法是将微生物"放大"成子细胞群体（菌落），使我们能够看到它们，即通过培养的方法使肉眼看不见的单个菌体在固体培养基上经过生长繁殖，形成几百万个菌体聚集在一起的肉眼可见的菌落(colony)。本实验将采用后一种方法检查实验室环境和人体表面的微生物，使学生牢固树立无菌操作的观念。

三、实验器材

(1) 培养基：牛肉膏蛋白胨培养基。
(2) 试剂：无菌水等。
(3) 仪器和其他用品：恒温培养箱、无菌培养皿、试管、无菌湿棉签（装在试管内）、试管架、酒精灯、记号笔和废物缸等。

四、操作步骤

1. 标记

分别在 2 套培养皿的底部用记号笔画出"十"字形，将皿底划分为 4 个区域，并在其边缘写上操作者姓名和日期，在 4 个区域内分别标明待接种的样品名称，为了不影响观察，可用字母或数字表示（图 11-1）。在另外 2 套培养皿的底部用记号笔写上操作者姓名、日期并分别标记"空气1"和"空气2"。

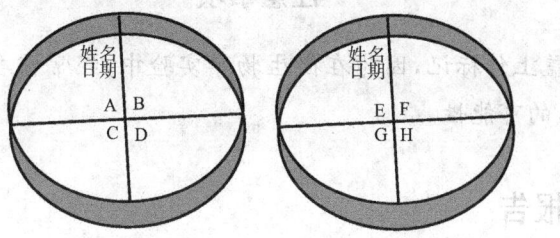

A. 洗前手指；B. 洗后手指；C. 头发；D. 鼻腔；E. 实验台；F. 门把手；G. 地面；H. 无菌水

图 11-1　培养皿底部标记

2. 制备平板

在超净工作台内酒精灯火焰侧上方，向 4 套培养皿内分别加入融化并冷却至 45 ℃左右的牛肉膏蛋白胨培养基，铺满培养皿底部即可（15～20 mL），冷却凝固后待用。

3. 人体表面微生物的检查

（1）手指表面。在酒精灯火焰侧上方半开皿盖，用洗前的手指在平板的 A 区轻轻按一下，然后迅速盖上皿盖。然后用肥皂清洗手 2 次，自然干燥后，用洗前的同一根手指在 B 区轻轻按一下，然后迅速盖上皿盖。

（2）头发。在酒精灯火焰侧上方半开皿盖，将 1 根头发轻轻放在平板的 C 区，然后迅速盖上皿盖。

（3）鼻腔。在酒精灯火焰侧上方取出无菌湿棉签，在自己的鼻腔内滚动数次后，立即在平板的 D 区轻轻摩擦 2～3 次，然后迅速盖上皿盖，并将用过的棉签放回试管中。

4. 实验室环境微生物的检查

（1）将标有"空气1"的平板在实验台上打开皿盖，使琼脂培养基表面完全暴露在空气中；将另一个标有"空气2"的平板放在已灭菌的无菌操作箱（室）内，打开皿盖，1 h 后盖上 2 个皿盖。

（2）取出无菌湿棉签，在实验台面擦拭约 2 cm^2 的范围，然后将棉签从平板的开启处伸进去，在平板的 E 区滚动一下，立即闭合皿盖，放回棉签。

用同样的方法将擦拭门把手的棉签在平板的 F 区进行滚动接种；用擦拭地面的棉签在 G 区接种；用无菌湿棉签在 H 区接种。

5. 培养

将所有的平板翻转，使皿底朝上，置于 37 ℃恒温培养箱内培养 1～2 天。

> **注意事项**
>
> 不能在皿盖上作标记,因为在微生物学实验中,经常需要同时观察很多平板,有盖错皿盖的可能性。

五、实验报告

1. 实验结果

将平板培养结果记录于表11-1中,并作简要说明。

表11-1 结果记录表

	A	B	C	D	E	F	G	H	空气1	空气2
菌落数量										
菌落类型 (大小、形状、颜色等)										
简要说明										

菌落数量可用"+"和"−"符号表示,从多到少依次为++++、+++、++、+、−。

2. 思考题

(1)列举2~3类微生物,说明它们在本实验条件下(牛肉膏蛋白胨培养基,37 ℃)不能生长。

(2)比较各种来源的样品,哪一种样品的菌落数和菌落类型最多?为什么?

(3)比较洗手前后菌落数的变化,谈谈你的体会。洗手后仍有少量细菌生长,你认为是什么原因造成的?

(4)完成本实验后,你是否已体会到我们生活在微生物世界的"海洋"中?如何体会"微生物既是我们的朋友又是我们的敌人"?

实验 12　微生物的分离与纯化

一、实验目的

(1) 掌握倒平板的方法和常用的分离纯化微生物的基本操作技术。
(2) 初步观察来自土壤中的三大类群微生物菌落的形态特征。

二、基本原理

自然界中各种微生物混杂生活在一起,即使只取很少量的样品,里面也有许多微生物。人们要研究某种微生物的特性或确定某些微生物菌株的分类地位,首先应对该微生物进行纯培养。也就是说,培养物中所有细胞只是微生物的某一个种或株,它们有着共同的来源,是同一细胞的后代。使用显微操作器挑取单个细胞进行培养可以直接得到纯培养物。稀释涂布平板法、稀释混合平板法和平板划线法是分离与纯化微生物的常规方法。这三种方法不需要特殊的仪器设备,在一般情况下就能顺利完成操作,达到较好的效果。1881 年,罗伯特·科赫(Robert Koch)发明微生物的平板分离纯化技术,至今已有 100 多年的历史。该技术的建立与发展为人类获得丰富的微生物资源作出了巨大的贡献,同时,该技术广泛应用于工、农、医、环境等领域。可见,一项新的微生物学方法与技术的建立会对整个生命科学以及其他相关学科带来革命性的变化。随着计算机技术的快速发展及其在生物学领域中的广泛应用,近年来已设计出快速微生物分离器,该仪器能在 30 s 内完成一次稀释涂布,培养后在一个平板上可以显示出连续稀释千倍的结果,主要用于大规模的分离和筛选。一般情况下,人们仍采用常规的微生物分离与纯化技术,包括培养基的制备、消毒与灭菌、平板分离与纯化等。

从混杂的微生物群体中获得某一种或某一株微生物的过程,称为微生物的分离纯化,实验室中常用的方法是平板分离法。其基本原理是在合适的生长条件下,待分离的微生物在固体培养基上生长形成的单个菌落可以是仅由单个细胞繁殖而成的集合体。因此,可以通过挑取这种单菌落来获得纯培养物。需要指出的是,从微生物群体中分离出来、生长在平板上的单个菌落并不一定保证都是纯培养物。为判断是否为纯培养物,除要观察其菌落特征外,还需进一步检测,如结合显微镜检测个体形态特征等进行综合判断。

土壤是微生物生存的大本营,土壤所含微生物无论是在数量上还是在种类上都是极其丰富的。因此,土壤是众多微生物生命活动的重要场所;是发掘微生物资源的重要基地。人们可以通过分离与纯化从中获得许多有价值的菌株。

三、实验器材

(1)土壤样品:从校园或其他地方采集的土壤样品。

(2)培养基:牛肉膏蛋白胨培养基、高氏Ⅰ号培养基和马丁培养基。

(3)试剂:无菌水、100 g/L 石炭酸、50000 U/mL 链霉素溶液等。

(4)仪器和其他用品:玻璃棒、玻璃涂布棒、无菌移液管(1 mL、10 mL)、接种环、接种铲、无菌培养皿(直径90 mm)、光学显微镜、无菌试管(15 mm×150 mm)、带有玻璃珠的无菌锥形瓶(250 mL)、高压蒸汽灭菌器、恒温培养箱、酒精灯、超净工作台、电炉、烧杯(500 mL)、量筒(500 mL)、pH试纸(5.5~9.0)、棉塞、纱布、牛皮纸、棉绳等。

四、操作步骤

(一)稀释涂布平板法

1. 做标记

分别在9个无菌培养皿底部边缘用记号笔写上姓名;3个标记为牛肉膏蛋白胨培养基,3个标记为高氏Ⅰ号培养基,3个标记为马丁培养基(可以简写);同一种培养基的底部还要分别写上对应的稀释度,如 10^{-4}、10^{-5} 和 10^{-6}。

2. 倒平板

将牛肉膏蛋白胨培养基、高氏Ⅰ号培养基和马丁培养基加热融化。冷却至 50~55 ℃时,在高氏Ⅰ号培养基中加入 100 g/L 石炭酸 4~5 滴,以抑制细菌和霉菌的生长;在马丁培养基中加入链霉素溶液(终浓度为 30 μg/mL)。混匀后分别倒平板,每种培养基倒入对应的3个培养皿中。

3. 制备土壤稀释液

称取土样 10 g,放入盛有 90 mL 无菌水并带玻璃珠的锥形瓶中,置于摇床上振荡摇匀 20 min,使土样与水充分混合,使细胞分散。用一支 1 mL 无菌移液管吸取 1 mL 土壤悬液加入盛有 9 mL 无菌水的试管中,充分混匀,即得 10^{-1} 稀释液,以此类推,制成 10^{-2}、10^{-3}、10^{-4}、10^{-5} 和 10^{-6} 稀释度的土壤溶液(图 12-1A),根据需要选择合适的稀释度。

实验12 微生物的分离与纯化

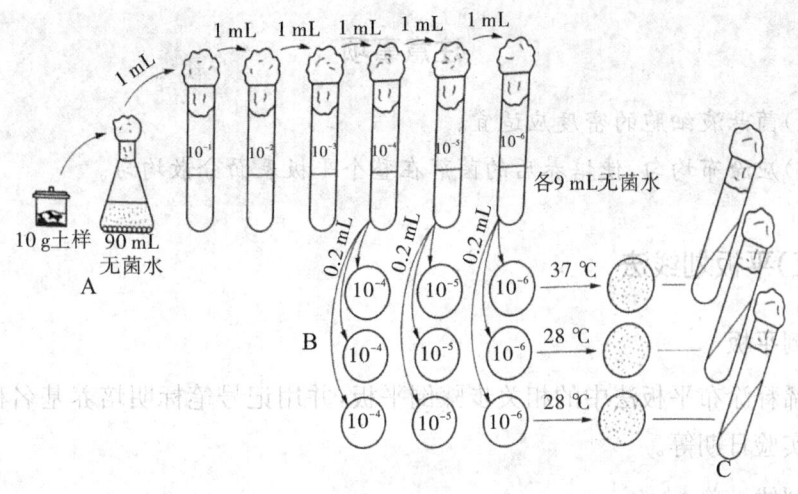

A. 土壤稀释液；B. 涂布；C. 挑纯菌落

图 12-1 从土壤中分离微生物的过程

4. 涂布

用无菌移液管分别从 10^{-4}、10^{-5} 和 10^{-6} 三管土壤稀释液中吸取 0.2 mL，对号放入相应稀释度的平板中央位置(图 12-1B)，用无菌玻璃涂布棒按图 12-2 所示，在培养基表面轻轻地涂布均匀。具体方法是：将菌液先沿一条直线轻轻地来回推动，使其分布均匀，然后改变方向 90°，沿另一垂直线来回推动，平板内边缘处可改变方向用涂布棒再涂布几次，室温下静置 5~10 min。

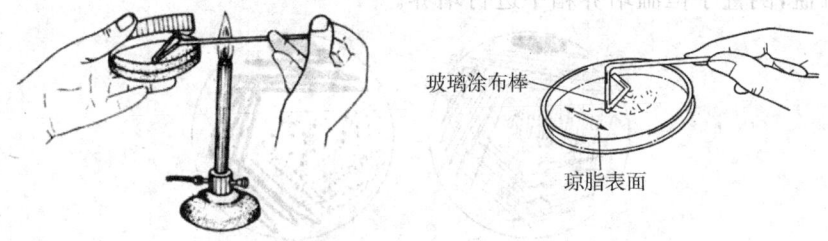

图 12-2 平板涂布操作

5. 培养

将牛肉膏蛋白胨平板倒置于 37 ℃恒温培养箱中培养 1~2 天；将高氏Ⅰ号平板和马丁平板倒置于 28 ℃恒温培养箱中培养 3~5 天。

6. 挑菌落

从培养后长出的单个菌落上分别挑取少许细胞接种到 3 种培养基的斜面上(图 12-1C)，分别置于 28 ℃、37 ℃恒温培养箱中进行培养；待菌落长出后，检查其特征是否一致，同时将细胞进行涂片染色，用显微镜检查是否为单一的微生物细胞。若发现有杂菌，须再次进行分离与纯化，直到获得纯培养物。

注意事项

(1)菌悬液细胞的密度应适宜。
(2)应涂布均匀,使培养后的菌落在整个平板表面分散均匀。

(二)平板划线法

1. 倒平板

按稀释涂布平板法中的相关步骤倒平板,并用记号笔标明培养基名称、土样编号和实验日期等。

2. 划线

在近火焰处,左手拿皿底,右手拿接种环,挑取上述 10^{-1} 土壤悬液 1 环在平板上划线。划线的方法有很多,但无论采用哪种方法,其目的都是将样品在平板上进行稀释,培养后能形成单个菌落。本实验介绍以下划线方法。

用接种环按无菌操作挑取土壤悬液 1 环,先在平板培养基的一边作第一次连续划线 5~6 次,再转动平板约 70°,并将接种环上的剩余物烧掉,待其冷却后穿过第一次划线部分进行第二次划线,再用同样的方法穿过第二次划线部分进行第三次划线,或再穿过第三次划线部分进行第四次划线(图 12-3)。划线完毕后,盖上培养皿盖,倒置于恒温培养箱中进行培养。

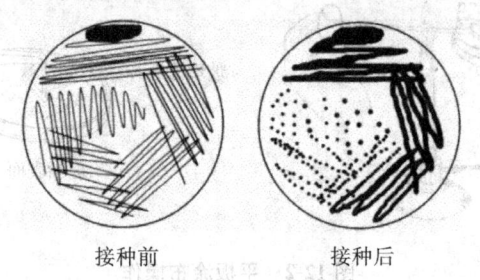

图 12-3 平板划线操作图

3. 挑菌落

从平板上的单个菌落上挑取少许细胞,涂在载玻片上,在显微镜下观察细胞的个体形态,结合菌落形态特征进行综合分析。若菌落不纯,则需用平板分离法进行纯化,直到确认获得纯培养物为止。

注意事项

(1) 划线应快速,用接种环在平板上迅速划动。
(2) 划线之间的距离小,可增加划线次数。
(3) 及时灼烧接种环上剩余的菌体。

五、实验报告

1. 实验结果

(1) 你所做的稀释涂布平板法和平板划线法实验是否能较好地得到单菌落? 如果不能,请分析其原因。

(2) 在牛肉膏蛋白胨平板上分离得到了哪些类群的微生物? 简述它们的菌落形态特征。

2. 思考题

(1) 如何确定平板上的单菌落为纯培养物? 请写出实验的主要步骤。

(2) 为什么要向高氏Ⅰ号培养基和马丁培养基中分别加入石炭酸和链霉素?

实验 13　化学因素对微生物生长的影响

一、实验目的

(1) 了解常用化学消毒剂对微生物生长的影响。
(2) 掌握石炭酸系数的测定方法。

二、基本原理

常用化学消毒剂包括有机溶剂(酚、醇、醛等)、重金属盐、卤族元素及其化合物、染料和表面活性剂等。有机溶剂可使蛋白质(酶)和核酸变性失活,破坏细胞膜;重金属盐也可使蛋白质(酶)和核酸变性失活,或与细胞代谢产物螯合使之变为无效化合物;碘与蛋白质酪氨酸残基不可逆结合而使蛋白质失活,氯与水作用产生强氧化剂,使蛋白质氧化变性;低浓度染料可抑制细菌生长,革兰氏阳性菌比革兰氏阴性菌对染料更加敏感;表面活性剂可改变细胞膜的通透性,使蛋白质变性。通常以石炭酸(即苯酚)为标准确定化学消毒剂的抑(杀)菌能力,用石炭酸系数表示。将某种消毒剂作系列稀释,在一定时间及条件下,该消毒剂杀死全部试验菌的最高稀释倍数与达到同样效果的石炭酸最高稀释倍数的比值,称为该消毒剂的石炭酸系数。石炭酸系数越大,说明该消毒剂对试验菌的抑(杀)菌能力越强。

巴斯德、李斯特与外科消毒

在 19 世纪早期消毒剂发明之前,伤口感染使外科手术患者死亡率高达 80%,手术室成为殡仪馆的前厅。基于对微生物的深刻认识,路易斯·巴斯德(Louis Pasteur)首次提出了细菌致病理论。他认为细菌存在于空气中、手术医生手上、手术器械及纱布上,很容易感染伤口,建议外科医生将手术器械消毒后再使用。他的建议遭到法国医学会一些老医生的嘲笑,但是,却引起了美国外科医生约瑟夫·李斯特(Joseph Lister)的重视。李斯特将巴斯德的细菌致病理论运用于外科临床。他用石炭酸对手术器械、纱布、手术室等进行消毒和清洗伤口,成功地挽救了一名被马车压断腿的 11 岁男童,避免了严重的坏疽。消毒剂被广泛应用于医院外科手术中,外科手术患者的死亡率很快下降到 15%,李斯特开启了无菌外科手术的时代,被称为"现代外科手术之父"。

三、实验器材

(1)菌种:大肠杆菌($E.\ coli$)和金黄色葡萄球菌($S.\ aureus$)。

(2)培养基:牛肉膏蛋白胨培养基和牛肉膏蛋白胨液体培养基。

(3)试剂:无菌生理盐水、无菌去离子水、2.5%碘酒、1 g/L氯化汞、50 g/L石炭酸溶液、75%乙醇、100%乙醇、1%来苏尔、2.5 g/L新洁尔灭、0.05 g/L结晶紫、0.5 g/L结晶紫等。

(4)仪器和其他用品:恒温培养箱、酒精灯、接种环、镊子、无菌培养皿、无菌吸管、玻璃涂布棒、无菌试管、无菌锥形瓶、无菌滤纸片(直径5 mm)、尺子等。

本实验为什么采用上述菌种?

大肠杆菌和金黄色葡萄球菌是实验室常用菌,常用化学消毒剂作用于这两种细菌通常能获得非常好的阳性或阴性结果,它们还常被用来作为测定化学消毒剂的石炭酸系数的试验菌。

四、操作步骤

(一)滤纸片法

1. 菌液制备

按无菌操作将金黄色葡萄球菌接种至装有5 mL牛肉膏蛋白胨液体培养基的试管中,37 ℃培养18 h。

2. 倒平板

将牛肉膏蛋白胨培养基融化后倒平板,注意培养皿中培养基的厚度应均匀。

3. 涂平板

按无菌操作吸取0.2 mL金黄色葡萄球菌菌液加入上述平板中,用无菌玻璃涂布棒涂布均匀。

4. 标记

将上述平板的皿底用记号笔划分成4~6等份,分别标明一种消毒剂的名称。

5. 贴滤纸片

按无菌操作,用酒精灯灼烧镊子灭菌,待冷却后用镊子取无菌滤纸片分别浸入各种消毒剂中润湿,在容器内壁沥去多余溶液,再将滤纸片分别贴在平板上相应位置,在平板中央贴上浸有无菌生理盐水的滤纸片作为对照(图13-1)。

6. 培养和观察

将上述平板倒置于37 ℃恒温培养箱内培养24 h,观察并记录抑(杀)菌圈的直径(图13-2)。

 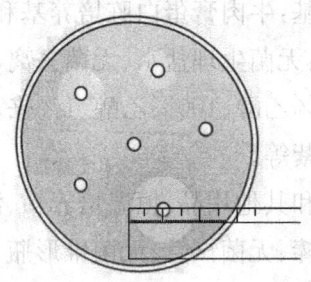

图13-1　贴滤纸片　　　　图13-2　观察并记录抑(杀)菌圈的直径

(二)石炭酸系数测定

1. 菌液制备

按无菌操作将大肠杆菌接种至装有30 mL牛肉膏蛋白胨液体培养基的锥形瓶中,37 ℃振荡培养18 h。

2. 消毒剂稀释和分装

将石炭酸用无菌去离子水稀释成1/50、1/60、1/70、1/80和1/90等不同浓度;将来苏尔用无菌去离子水稀释成1/150、1/200、1/250、1/300和1/500等不同浓度。各取5 mL分别装入试管中并做好标记(图13-3)。

3. 液体培养基试管准备和标记

取30支装有5 mL牛肉膏蛋白胨液体培养基的试管,将其中15支标明石炭酸的5种浓度,每种浓度3管(分别标记5 min、10 min和15 min)(图13-3);另外15支标明来苏尔的5种浓度,每种浓度3管(分别标记5 min、10 min和15 min)。

4. 消毒剂处理和接种

在装有不同浓度石炭酸和来苏尔的试管中分别加入0.5 mL大肠杆菌菌液并摇匀,分别于5 min、10 min和15 min时,用接种环按无菌操作从各试管中取1环菌液,接入已标记好的相应的盛有牛肉膏蛋白胨液体培养基的试管中(图13-3)。

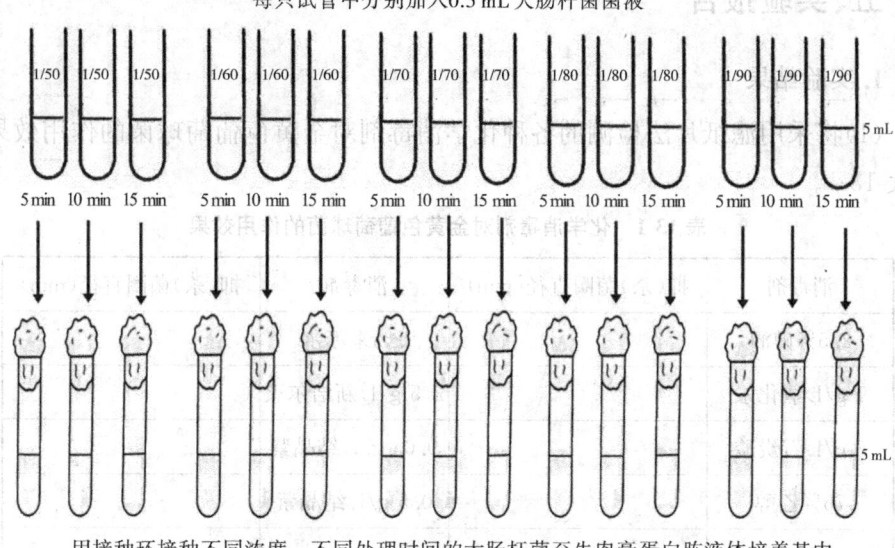

图 13-3　石炭酸分装、处理和接种

5. 培养和观察

将上述试管置于 37 ℃恒温培养箱内培养 48 h，观察并记录细菌生长状况。

6. 石炭酸系数计算

找出大肠杆菌经消毒处理 5 min 后仍生长而处理 10 min 和 15 min 后不生长的来苏尔和石炭酸的最大稀释倍数，计算二者的比值。例如，若来苏尔和石炭酸在 10 min 内杀死大肠杆菌的最大稀释倍数分别为 250 和 70，则来苏尔的石炭酸系数为 250/70≈3.6。

注意事项

（1）使用酒精灯时注意安全，避免烧（灼）伤。
（2）禁止用嘴吹（吸）吸管。
（3）稀释消毒剂要准确，消毒剂试管及液体培养基试管应标记清楚。
（4）将大肠杆菌菌液充分摇匀后再吸取，保证每支试管中接入的菌量一致。
（5）制备平板的培养基厚度要均匀，滤纸片的形状大小一致，不要在培养基表面拖动滤纸片，避免消毒剂不均匀扩散。
（6）涂布平板要均匀，使细菌均匀分散。
（7）消毒剂名称要标记清楚，避免混乱。
（8）实验完毕后洗手。

五、实验报告

1. 实验结果

(1)将采用滤纸片法检测的各种化学消毒剂对金黄色葡萄球菌的作用效果填入表13-1。

表13-1 化学消毒剂对金黄色葡萄球菌的作用效果

消毒剂	抑(杀)菌圈直径(mm)	消毒剂	抑(杀)菌圈直径(mm)
2.5％碘酒		1％来苏尔	
1 g/L氯化汞		2.5 g/L新洁尔灭	
5 g/L石炭酸		0.05 g/L结晶紫	
75％乙醇		0.5 g/L结晶紫	
100％乙醇			

(2)将以大肠杆菌为实验菌进行测定的来苏尔的石炭酸系数填入表13-2。

表13-2 来苏尔的石炭酸系数测定结果

消毒剂	稀释倍数	生长状况			石炭酸系数
		5 min	10 min	15 min	
石炭酸	50				
	60				
	70				
	80				
	90				
来苏尔	150				
	200				
	250				
	300				
	500				

注:试管内培养液混浊的(细菌生长)以"+"表示,培养液澄清的(细菌不生长)以"-"表示。

2. 思考题

(1)在本实验中,75％乙醇和100％乙醇对金黄色葡萄球菌的作用效果有无差别?医院用作消毒剂的乙醇浓度是多少?为何采用该浓度乙醇作为消毒剂?

(2)利用滤纸片法测定化学消毒剂对微生物生长的影响时,影响抑(杀)菌圈直径的因素有哪些？抑（杀）菌圈直径能否准确反映消毒剂抑（杀）菌能力的强弱？

(3) 设计一个简单实验，验证某化学消毒剂对某试验菌是起抑菌作用还是杀菌作用。

实验 14 细菌的药敏试验

一、实验目的

(1) 掌握稀释法、纸片扩散法测定细菌药敏试验的原理和操作方法。
(2) 掌握药敏试验结果的判定方法。
(3) 熟悉药敏试验在实际生产中的重要意义。

二、基本原理

细菌对抗菌药物的敏感试验,通常称为细菌的药敏试验。在治疗动物的传染病时,测定细菌对药物的敏感度不仅有助于选择合适的药物,而且可为药物的用量提供依据。某种细菌对药物的敏感度是指抑制该细菌生长所需的最低药物浓度。抗菌药物的临床疗效和细菌在体外对药物的敏感度大体是相符的,但也会受到药物剂型、吸收途径等因素的影响而出现不一致的情况。目前,药敏试验的方法有很多,可归纳为两大类,即稀释法和纸片扩散法。有的以抑制细菌生长为评定标准;有的则以杀灭细菌为评定标准,一般可报告为某菌对某抗菌药物敏感、轻度敏感或耐药。

稀释法是将抗菌药物稀释为不同的浓度,作用于被检菌株,定量测定药物对细菌的最低抑菌浓度(minimum inhibitory concentration, MIC)或最低杀菌浓度(minimum bactericidal concentration, MBC),可在液体培养基或固体培养基中进行操作。纸片扩散法是将抗菌药物置于已接种待测细菌的固体培养基上,抗菌药物通过向培养基内扩散,抑制敏感菌的生长,从而出现抑菌圈(带)。药物扩散的距离越远,达到该距离的药物浓度就越低,故可根据抑菌圈(带)的大小判断细菌对药物的敏感度。抑菌圈(带)边缘的药物含量即细菌对该药物的敏感度。此法操作简便,容易掌握,但会受含药量、接种量等多种因素的影响,结果不稳定,因此,试验时应同时设立已知敏感度的质控菌株作为对照。

三、实验器材

(1) 菌种:大肠杆菌(*E. coli*)、金黄色葡萄球菌(*S. aureus*)和枯草芽孢杆菌

(B. subtilis)。

(2) 培养基：营养琼脂（同牛肉膏蛋白胨培养基）和普通肉汤（除无琼脂外，同营养琼脂）。

(3) 药敏纸片：含不同抗生素药物的滤纸片，分装于无菌西林瓶中。

(4) 仪器和其他用品：定性滤纸、记号笔、无菌试管（15 mm×150 mm）、微孔滤膜（孔径 0.22 μm）、恒温培养箱、冰箱等。

> **本实验为什么采用上述菌种？**
>
> 分析某种抗生素的抗菌谱常选用有代表性的非致病菌（或条件致病菌）代替对人类和动物有较大危害性的致病菌，金黄色葡萄球菌、枯草芽孢杆菌和大肠杆菌是用于抗生素筛选的常用试验菌，分别代表革兰氏阳性球菌、革兰氏阳性杆菌和革兰氏阴性肠道菌这 3 种类型的微生物。

四、操作步骤

(一) 试管二倍稀释法

1. 抗生素原液的配制和保存

将抗生素制剂按无菌操作溶于适宜的溶剂（如蒸馏水、磷酸盐缓冲液）中，稀释至所需浓度。抗生素的最初稀释剂通常用蒸馏水，但是有些抗生素必须用其他溶剂作初步溶解。常用抗生素原液的溶剂和稀释剂见表 14-1。若制剂中可能含有杂菌，则配制后宜用细菌滤器过滤除菌（可用玻璃滤器或微孔滤膜，孔径 0.22 μm）。将抗生素原液分装于小瓶中，在 −20 ℃ 冷冻状态下保存，可保存 3 个月或更久。每次取出一瓶保存于 4 ℃ 冰箱中，可用 1 周左右。

表 14-1 抗生素原液的溶剂和稀释剂

抗生素	溶剂	稀释剂
青霉素	pH 6.8 的柠檬酸缓冲液	pH 6.8 的柠檬酸缓冲液
氨苄西林钠	蒸馏水	蒸馏水
阿莫西林	蒸馏水	蒸馏水
头孢噻呋钠	蒸馏水	蒸馏水
硫酸庆大霉素	蒸馏水	蒸馏水
硫酸卡那霉素	蒸馏水	蒸馏水
硫酸链霉素	蒸馏水	蒸馏水
硫酸新霉素	蒸馏水	0.1 mol/L PBS (pH 7.2)

续表

抗生素	溶剂	稀释剂
多黏菌素B或E	蒸馏水	蒸馏水
盐酸四环素	蒸馏水	蒸馏水
盐酸左氧氟沙星	蒸馏水	蒸馏水
盐酸环丙沙星	蒸馏水	蒸馏水
酒石酸泰乐菌素	蒸馏水	蒸馏水
林可霉素	蒸馏水	蒸馏水
磺胺类	1.0 mol/L NaOH溶液	0.1 mol/L PBS(pH 6.0)

2. 被测菌种悬液的制备

将菌种接种于普通肉汤试管中,置于37 ℃恒温培养箱中培养6 h(如生长缓慢,可培养过夜)。试管稀释法一般选用细菌浓度为 10^5 CFU/mL,纸片扩散法一般选用细菌浓度为 10^8 CFU/mL(细菌浓度可通过测定菌液OD值和平板菌落计数法来确定)。

3. 抗生素溶液的二倍连续稀释

以金黄色葡萄球菌的药敏试验(青霉素为待测药物)为例,青霉素原始浓度为1280 μg/mL,菌液浓度为 10^5 CFU/mL。取15 mm×150 mm无菌带硅胶塞试管10支(试管数量依据具体需要而定)。第1管加入稀释金黄色葡萄球菌菌液1.8 mL,第2~10管各加入稀释金黄色葡萄球菌菌液1.0 mL。在第1管加入抗生素原液0.2 mL,混合后吸出1.0 mL加入第2管中,按同法依次稀释至第9管,弃去1.0 mL。第10管作为生长对照(图14-1)。

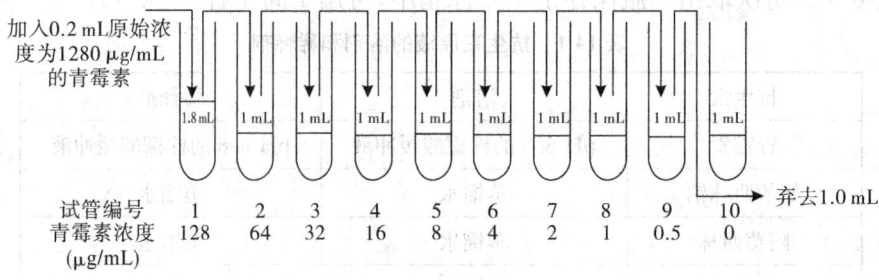

图14-1 青霉素二倍稀释法过程

4. 培养及结果观察

将各试管放置于37 ℃恒温培养箱中培养16~24 h,观察结果。凡药物最高稀释管中无细菌生长者,该管的浓度即MIC。

5. MBC 的测定

从无细菌生长的各管取样,分别涂布于营养琼脂平板上,于 37 ℃培养过夜(或 48 h),观察结果。营养琼脂平板上无细菌生长而含抗生素最少的一管所对应的浓度,即 MBC。也可将上述各试管在 37 ℃下继续培养 48 h,无细菌生长的最低浓度即相当于该抗生素的 MBC。

6. 结果报告

一般以 MIC 作为细菌对药物的敏感度,若第 1~6 管无细菌生长,第 7 管开始有细菌生长,则把第 6 管抗生素的浓度报告为该菌对这种抗生素的敏感度;若全部试管均有细菌生长,则报告该菌对这种抗生素的敏感度大于第 1 管中的浓度或对该药耐药;若除对照管外,全部都不生长,则报告细菌对该抗生素的敏感度等于或小于第 9 管的浓度或高度敏感。

可以用 96 孔圆底微量反应板代替试管进行 MIC 和 MBC 的测定(按比例减少体积,一般每孔终体积为 200 μL)。

(二)纸片扩散法

纸片扩散法是指柯比-鲍尔(Kirby-Bauer)纸片扩散法(简称 K-B 法)。

1. 含药滤纸片的制备

(1)滤纸片的准备。用打孔器将定性滤纸打成直径为 6 mm 的小圆片,根据需要将 50 片或 100 片作为一组包成一个纸包,或放入带胶塞的小瓶或小培养皿内,121 ℃灭菌 15 min,置于 60 ℃干燥箱内烘干备用。

(2)药液的配制。常用药物的配制方法及药液浓度见表 14-2。

表 14-2 常用药物的配制方法及药液浓度

药物	剂型	配制方法	药液浓度 (μg/mL)	每张滤纸片含药量(μg)
青霉素	注射用粉针	30 mg 加 pH 6.8 的柠檬酸缓冲液 10 mL	3000	30
硫酸链霉素	注射用粉针	10 mg 加 pH 7.8 的 PBS 10 mL	1000	10
土霉素	口服粉(片)剂	25 mg 粉末加 2.5 mol/L HCl 15 mL 溶解后,以蒸馏水稀释至 25 mL	1000	10
四环素	口服粉(片)剂	同土霉素	1000	10
	注射用针剂	用生理盐水稀释	1000	10
金霉素	口服粉剂	同土霉素	1000	10
硫酸新霉素	口服粉剂	用 pH 7.2 的 PBS 溶解后稀释	1000	10

续表

药物	剂型	配制方法	药液浓度 ($\mu g/mL$)	每张滤纸片含药量(μg)
硫氰酸红霉素	口服粉剂	用水溶解,用 pH 7.2 的 PBS 稀释	1500	15
硫酸卡那霉素	注射用针剂	用 pH 7.2 的 PBS 稀释	3000	30
硫酸庆大霉素	注射用针剂	用 pH 7.2 的 PBS 稀释	1000	10
磺胺甲恶唑	片剂	300 mg 加水 2 mL 混悬,用 0.5 mL 浓 HCl 溶解,用 pH 6.0 的 PBS 稀释至 10 mL	30000	300
磺胺增效剂	片剂	5 mg 加水 2 mL 混悬,用 0.25 mL 浓 HCl 溶解,用 pH 6.0 的 PBS 稀释至 10 mL	500	5

(3)含药滤纸片的制备。用无菌镊子将无菌滤纸片平铺于无菌培养皿中,以每张滤纸片饱和吸水量为 0.01 mL 计,每 50 张滤纸片加入药液 0.5 mL 或每 100 张滤纸片加入药液 1.0 mL,不时翻动滤纸片,使滤纸片将药液均匀吸净,浸泡 30 min。然后取出含药滤纸片并置于一个纱布袋中,以真空抽气使之干燥;或直接将滤纸片平铺于 37 ℃恒温培养箱中烘干,烘烤的时间不宜过长,以免某些不耐高温的抗生素失效。对浸有对温度敏感的抗生素(如青霉素、金霉素等)的滤纸片进行干燥时,宜采用低温真空干燥法。干燥后,立即装入无菌的小瓶中并加塞,置于-20 ℃冰箱内冷冻保存。少量供使用的滤纸片从冰箱中取出后应在室温中放置 1 h,使滤纸片的温度和室温接近,防止冷的滤纸片遇热产生凝结水。

(4)药敏纸片的鉴定。取制好的滤纸片 3 张,以质控菌株测其抑菌圈,大小符合标准者则为合格。滤纸片的有效期一般为 4~6 个月。

2. K-B 法操作步骤

将含有一定量抗生素的药敏纸片贴在已接种试验菌的营养琼脂平板上,经 37 ℃培养后,抗生素浓度梯度通过纸片扩散作用而形成。在敏感抗生素的有效范围内,细菌的生长受到抑制;在有效范围外,细菌能够生长,故能形成一个明显的抑菌圈,可依据抑菌圈的大小来判定试验菌对某一抗生素是否敏感及敏感程度。

(1)用接种环挑取菌落 4~5 个,接种于普通肉汤培养基中,置 37 ℃恒温培养箱中培养 4~6 h。

(2)用无菌生理盐水稀释培养液,使菌液浓度为 10^8 CFU/mL。用无菌棉拭子蘸取上述稀释菌液,在管壁上挤压,除去多余的液体,用该棉拭子将琼脂表面涂满菌液,盖好皿盖,室温下静置 5 min,待平板表面菌液被培养基吸收后即可放置含药滤纸片(亦可用涂布棒涂布菌液)。

(3)用无菌镊子按无菌操作取出含药滤纸片并贴在涂有细菌的平板培养基表

面。一个直径9 cm的培养皿最多只能贴7张滤纸片,6张滤纸片均匀地贴在离培养皿边缘15 mm处,1张滤纸片贴于中心。贴滤纸片时要轻轻按压,以保证其与培养基均匀接触。将培养皿置于37 ℃恒温培养箱中培养16~18 h,观察结果。

3. 结果判定

观察含药滤纸片周围有无抑菌圈,量取其直径(包括滤纸片直径),用毫米作单位进行记录。

注意事项

(1)MIC与细菌接种量的多少有一定关系。例如,用敏感的金黄色葡萄球菌对青霉素进行检测时,接种量增加1000倍,MIC只略有增加,但其对甲氧苯青霉素的敏感度则因接种量的不同而有较大变化,即使同一菌株,接种量小时表现为敏感,接种量增大时,其MIC增加许多倍。

(2)培养基的组成成分应保持恒定,外观清晰透明,pH适宜。为了方便观察,可向各管中加入葡萄糖及指示剂,以颜色的改变情况判定细菌是否生长。同时要注意选择适宜的培养温度和时间,一般在培养12~18 h后观察药敏试验结果。如果培养时间过长,细菌将会在高浓度的药物中生长,一方面是由于被轻度抑制的细菌开始繁殖,另一方面则是因为有些抗生素在37 ℃情况下不稳定,当其被破坏之后,受抑制的细菌会再次生长繁殖。

(3)对于一些色泽深或本身呈混浊状态的中草药,试管培养后不易观察细菌的生长情况。可将培养液从试管转移至平板培养基上,经培养后观察各管中的细菌是否被杀死。这种方法常用于测定药物的MBC。

(4)稀释时,每处理一个稀释度均应更换吸管。菌液及抗生素的加入量要准确。

五、实验报告

1. 实验结果

(1)记录稀释法的实验结果,并判定药物对大肠杆菌等细菌的MIC和MBC。

(2)记录K-B法的实验结果,并判断大肠杆菌等细菌对药物的敏感度。

2. 思考题

(1)采用纸片扩散法做药敏试验时应注意什么?

(2)试述药敏试验的意义。

PBS 缓冲液的配制

配方：NaCl 8.5 g，KCl 0.2 g，$Na_2HPO_4 \cdot 12H_2O$ 2.89 g，KH_2PO_4 0.2 g，三蒸水 1000 mL。

配制：将以上无机盐依次溶于 800 mL 三蒸水中，完全溶解后，调节 pH 至 7.2，再用三蒸水补至 1000 mL；121 ℃ 高压蒸汽灭菌 15 min，4 ℃ 保存备用。

实验 15 大分子物质的水解试验

一、实验目的

(1)验证不同微生物对各种有机大分子物质的水解能力不同,从而说明不同微生物有着不同的酶系统。

(2)掌握微生物水解大分子物质试验的原理和方法。

二、基本原理

在所有生活细胞中存在的全部生物化学反应称为代谢,代谢过程主要是酶促反应过程。具有酶功能的蛋白质多数在细胞内,称为胞内酶(endoenzyme)。许多细菌也会产生胞外酶(exoenzyme),这些酶从细胞中释放出来,以催化细胞外的化学反应。各种微生物在代谢类型上表现出很大的差异,如对大分子糖类和蛋白质的分解能力以及分解代谢的最终产物不同,反映出它们具有不同的酶系和不同的生理特性,这些特性可被用作细菌鉴定和分类的依据。

微生物对大分子物质如淀粉、蛋白质和脂肪不能直接利用,必须依靠产生的胞外酶将大分子物质分解后,才能吸收利用。胞外酶主要为水解酶,通过将大分子物质裂解为较小化合物,使其能被运输至细胞内。如淀粉酶将淀粉水解为小分子的糊精、双糖和单糖,脂肪酶将脂肪水解为甘油和脂肪酸,蛋白酶将蛋白质水解为氨基酸等,这些过程均可通过观察细菌菌落周围的物质变化来证实。如淀粉遇碘液显蓝色,但细菌水解淀粉的区域用碘液测定时,不再显蓝色,表明细菌产生淀粉酶。脂肪水解后产生脂肪酸,可改变培养基的 pH,使 pH 降低,加入培养基中的中性红指示剂会使培养基从淡红色转变为深红色,说明细胞外存在脂肪酶。

当缺乏糖类物质时,微生物除可以利用各种蛋白质和氨基酸作为氮源外,还可以用它们作为能源。明胶是由胶原蛋白水解产生的蛋白质,在 25 ℃以下时可维持凝胶状态,以固体形式存在,而在 25 ℃以上时会液化。有些微生物可产生一种叫作明胶酶的胞外酶,这种酶能水解明胶,使明胶液化,甚至在 4 ℃时仍能使明胶保持液化状态。

还有一些微生物能水解牛奶中的蛋白质——酪素,酪素的水解可用石蕊牛奶来检测。石蕊牛奶培养基由脱脂牛奶和石蕊配制而成,呈浑浊的蓝色,酪素水解成氨基酸和肽后,培养基会变得透明。石蕊牛奶也常用于检测乳糖发酵,因为在酸的存在下,石蕊会转变为粉红色,而过量的酸可引起牛奶固化(凝乳形成),氨基酸的分解会引起碱性反应,使石蕊变为紫色。此外,某些细菌能还原石蕊,使试管底部变为白色。

尿素是由大多数哺乳动物消化蛋白质后分泌在尿液中的废物。尿素酶能分解尿素释放出氨,其相关实验是一个很有用的细菌鉴定试验。尽管许多微生物都可以产生尿素酶,但它们利用尿素的速度比变形杆菌属的细菌慢,因此,尿素酶试验被用来从其他非发酵乳糖的肠道微生物中快速区分变形杆菌属细菌。尿素琼脂含有尿素、葡萄糖和酚红,酚红在 pH 6.8 时为黄色,而在培养过程中,产生尿素酶的细菌将分解尿素产生氨,使培养基的 pH 升高,当 pH 升至 8.4 时,指示剂就转变为深粉红色。

三、实验器材

(1)菌种:枯草芽孢杆菌($B.\ subtilis$)、大肠杆菌($E.\ coli$)、金黄色葡萄球菌($S.\ aureus$)、铜绿假单胞菌($P.\ aeruginosa$)和普通变形杆菌($P.\ vulgaris$)。

(2)培养基:固体油脂培养基、固体淀粉培养基、明胶培养基试管、石蕊牛奶培养基试管和尿素琼脂培养基斜面试管等。

(3)试剂:卢戈氏碘液等。

(4)仪器和其他用品:恒温培养箱、无菌培养皿、无菌试管、接种环、接种针和试管架等。

本实验为什么采用上述菌种?

不同的微生物具有不同的酶系统,这是各种微生物特殊的生理生化特征。因此,可以利用其生理生化特性进行分类鉴定。使用上述菌种是因为它们具有不同的酶系统,因而表现出对不同大分子物质如淀粉、油脂、明胶、乳糖或尿素等的水解能力差异。

安全警示

在使用酒精灯时要特别注意,70%乙醇可以燃烧,要远离明火。

四、操作步骤

(一)淀粉水解试验

1. 制备平板

将固体淀粉培养基融化后冷却至 50 ℃左右,按无菌操作制成平板。

2. 分区画线和做标记

用记号笔将平板底部画成 4 部分,并在 4 个区域写上待接种的细菌名称,即枯草芽孢杆菌、大肠杆菌、金黄色葡萄球菌和铜绿假单胞菌。

3. 划线接种

在无菌操作的条件下,将 4 种细菌分别划线接种到对应的区域。

4. 培养

将平板倒置,在 37 ℃恒温培养箱中培养 24 h。

5. 结果观察

观察各种细菌的生长情况,打开平板盖子,滴入少量卢戈氏碘液于平板中,轻轻旋转培养皿,使碘液均匀铺满整个平板。

如菌苔周围出现无色透明圈,说明淀粉已被水解,为阳性反应。根据透明圈的大小可初步判断该菌水解淀粉能力的强弱,即产生胞外淀粉酶活力的高低。

(二)油脂水解试验

1. 制备平板

将融化的固体油脂培养基冷却至 50 ℃左右时,充分摇荡,使油脂均匀分布,按无菌操作倒入培养皿,待凝固后备用。

2. 分区画线和做标记

用记号笔将平板底部画成 4 部分,分别在 4 个区域标上菌名。

3. 划线接种

按无菌操作将枯草芽孢杆菌、大肠杆菌、金黄色葡萄球菌和铜绿假单胞菌分别划"十"字线接种于平板相对应部分的中心。

4. 培养

将平板倒置,在 37 ℃恒温培养箱中培养 24 h。

5. 结果观察

取出平板,观察菌苔的颜色。如出现红色斑点,说明脂肪已被水解,为阳性反应。

(三)明胶水解试验

1. 做标记

取 3 支明胶培养基试管,用记号笔标明各管待接种的菌名。

2. 穿刺接种

用接种针分别穿刺接种(图 15-1)枯草芽孢杆菌、大肠杆菌和金黄色葡萄球菌。

3. 培养

将接种后的试管置于 20 ℃恒温培养箱中培养 2~5 天。

4. 结果观察

观察明胶液化情况(图 15-2)。

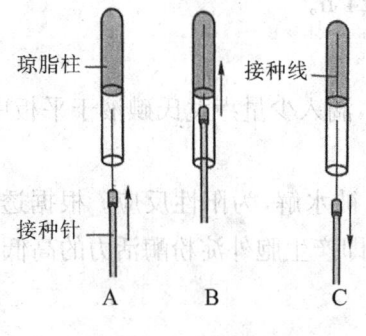

图 15-1 穿刺接种

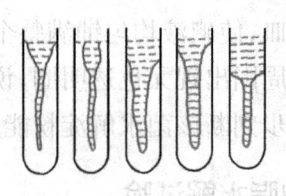

图 15-2 明胶穿刺液化的形态

(四)石蕊牛奶试验

1. 做标记

取 2 支石蕊牛奶培养基试管,用记号笔标明各管待接种的菌名。

2. 接种

分别接种普通变形杆菌和金黄色葡萄球菌。

3. 培养

将接种后的试管置于 35 ℃恒温培养箱中培养 24~48 h。

4. 结果观察

观察培养基的颜色变化。石蕊在酸性条件下为粉红色,在碱性条件下为紫色,而被还原时为白色。

(五)尿素试验

1. 做标记

取 2 支尿素琼脂培养基斜面试管,用记号笔标明各管待接种的菌名。

2. 接种

分别接种普通变形杆菌和金黄色葡萄球菌。

3. 培养

将接种后的试管置于 35 ℃恒温培养箱中培养 24～48 h。

4. 结果观察

观察培养基的颜色变化。有尿素酶时为红色,无尿素酶时为黄色。

> **注意事项**
>
> (1)认真按照实验步骤进行操作,如在淀粉水解试验中,观察各种细菌的生长情况时,向平板中滴入少量卢戈氏碘液后,应该轻轻旋转平板,使碘液均匀铺满整个平板;在油脂水解试验中,制备固体油脂培养基时,应充分摇荡,使油脂均匀分布等。
>
> (2)在接种之前用记号笔做好标记,接种时一定要认真检查标记,对号接种,以免接错菌种,造成混乱。

五、实验报告

1. 实验结果

将实验结果填入表 15-1。"＋"表示阳性,"－"表示阴性。

表 15-1 结果记录表

菌名	淀粉水解试验	油脂水解试验	明胶水解试验	石蕊牛奶试验	尿素试验
枯草芽孢杆菌					
大肠杆菌					
金黄色葡萄球菌					
铜绿假单胞菌					
普通变形杆菌					

2. 思考题

(1)如何解释淀粉酶是胞外酶而非胞内酶?

(2)不利用碘液能否证明淀粉水解的存在？

(3)接种后的明胶可以在 35 ℃培养，在培养后必须做什么才能证明水解的存在？

(4)石蕊牛奶培养基中的石蕊为什么能起到氧化还原指示剂的作用？

(5)为什么尿素试验可用于鉴定变形杆菌属细菌？

实验 16 糖发酵试验

一、实验目的

(1) 了解糖发酵的原理及其在肠道细菌鉴定中的重要作用。
(2) 掌握通过糖发酵鉴别不同微生物的方法。

二、基本原理

糖发酵是常用的鉴别微生物的生化反应,在肠道细菌的鉴定上尤为重要。绝大多数细菌都能利用糖类作为碳源,但是它们在分解糖类物质的能力上有很大的差异,有些细菌能分解某种糖产生有机酸(如乳酸、乙酸、丙酸等)和气体(如 H_2、CH_4、CO_2 等),而有些细菌只产酸不产气。例如,大肠杆菌分解乳糖和葡萄糖产酸产气;伤寒杆菌分解葡萄糖产酸不产气,不能分解乳糖;普通变形杆菌分解葡萄糖产酸产气,不能分解乳糖。发酵培养基含有蛋白胨、指示剂(溴甲酚紫)、倒置的德汉氏/杜氏小管和不同的糖类。当发酵产酸时,溴甲酚紫指示剂可由紫色(pH 6.8)转变为黄色(pH 5.2)。气体的产生情况可根据倒置的德汉氏小管中有无气泡来判定,如图 16-1 所示。

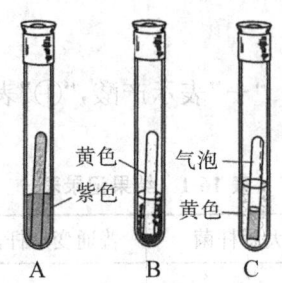

A. 培养前的情况; B. 培养后不产气; C. 培养后产酸产气

图 16-1 糖发酵试验

三、实验器材

(1) 菌种:大肠杆菌、普通变形杆菌斜面各 1 支。
(2) 培养基:葡萄糖发酵培养基试管和乳糖发酵培养基试管各 3 支。
(3) 仪器和其他用品:恒温培养箱、试管架、接种环、酒精灯等。

> **本实验为什么采用上述菌种?**
>
> 使用大肠杆菌和普通变形杆菌进行糖发酵试验,是因为它们对不同糖的分解能力不同,并且分解相同的糖类会产生不同的代谢产物。如大肠杆菌分解乳糖和葡萄糖产酸产气;普通变形杆菌分解葡萄糖产酸产气,不能分解乳糖。

四、操作步骤

(1)用记号笔在各试管外壁上分别标明发酵培养基的名称和所接种的细菌菌名。

(2)取葡萄糖发酵培养基试管 3 支,前 2 支分别接入大肠杆菌和普通变形杆菌,第 3 支不接种,作为对照。另取乳糖发酵培养基试管 3 支,同样前 2 支分别接入大肠杆菌和普通变形杆菌,第 3 支不接种,作为对照。在接种后,轻轻摇动试管,使其均匀,并防止倒置的小管中进入气泡。

(3)将 6 支试管置于 37 ℃恒温培养箱中培养 24~48 h。

(4)观察各试管颜色变化及德汉氏小管中有无气泡。

> **注意事项**
>
> 在接种后,应轻轻摇动试管,使其均匀,防止倒置的小管中进入气泡,否则会造成假阳性,得出错误的结果。

五、实验报告

1. 实验结果

将实验结果填入表 16-1。"+"表示产酸,"⊕"表示产酸产气,"-"表示不产酸或不产气。

表 16-1 结果记录表

糖类	大肠杆菌	普通变形杆菌	对照
葡萄糖			
乳糖			

2. 思考题

假如某些微生物可以进行葡萄糖的有氧代谢,其糖发酵试验可能出现什么结果?

实验 17　IMViC 试验

一、实验目的

了解 IMViC 试验与硫化氢试验的原理和方法及其在肠道细菌鉴定中的意义。

二、基本原理

IMViC 试验是吲哚试验（indole test）、甲基红试验（methyl red test）、伏-波试验（Voges-Proskauer test）和柠檬酸盐试验（citrate test）等 4 项试验的总称，i 是在英文中为发音方便而加上去的。这 4 项试验主要用于快速鉴别大肠杆菌和产气肠杆菌，多用于水中细菌的检查。大肠杆菌虽非致病菌，但在饮用水中如超过一定数量，则表示水受到粪便的污染。产气肠杆菌也广泛存在于自然界中，因此，检查水时要将两者区分开。

(一)吲哚试验

吲哚试验（靛基质试验）用来检测吲哚的产生情况，有些细菌产生色氨酸酶，分解蛋白胨中的色氨酸，产生吲哚和丙酮酸。吲哚与对二甲氨基苯甲醛结合，形成红色的玫瑰吲哚。由于并非所有的微生物都具有分解色氨酸产生吲哚的能力，因此，吲哚试验的结果可以作为一个生物化学检测的指标。

色氨酸水解反应式如下：

$$\underset{\text{色氨酸}}{\text{C}_8\text{H}_5\text{N-CH}_2\text{CHNH}_2\text{COOH}} + \text{H}_2\text{O} \longrightarrow \underset{\text{吲哚}}{\text{C}_8\text{H}_6\text{N-H}} + \text{NH}_3 + \text{CH}_3\text{COCOOH}$$

吲哚与对二甲氨基苯甲醛的反应式如下：

$$2\,\text{吲哚} + \text{对二甲氨基苯甲醛} \longrightarrow \text{玫瑰吲哚} + \text{H}_2\text{O}$$

大肠杆菌的吲哚试验为阳性,产气肠杆菌的吲哚试验为阴性。

(二)甲基红试验

甲基红试验用来检测由葡萄糖产生的有机酸,如甲酸、乙酸、乳酸等。当细菌代谢糖产生酸时,加入培养基中的甲基红指示剂由橙黄色(pH 6.3)转变为红色(pH 4.2),即甲基红反应。尽管所有的肠道微生物都能发酵葡萄糖产生有机酸,但这个试验在区分大肠杆菌和产气肠杆菌上仍然是有价值的。这两种细菌在培养的早期均产生有机酸,但大肠杆菌在培养后期仍能维持酸性(pH 4.0),而产气肠杆菌则将有机酸转化为非酸性末端产物,如乙醇、丙酮酸等,使pH升至大约6.0。因此,在甲基红试验中,大肠杆菌为阳性,产气肠杆菌为阴性。

(三)伏-波试验

伏-波试验用来测定某些细菌利用葡萄糖产生非酸性或中性末端产物的能力,如细菌分解葡萄糖,产生丙酮酸,丙酮酸经缩合、脱羧生成乙酰甲基甲醇,此化合物在碱性条件下能被空气中的氧气氧化成丁二酮。丁二酮与蛋白胨中精氨酸的胍基反应,生成红色化合物,即伏-波试验阳性,不产生红色化合物者为伏-波试验阴性。有时为了使反应更为明显,可加入少量含胍基的化合物,如肌酸。在伏-波试验中,产气肠杆菌为阳性,大肠杆菌为阴性。其化学反应式如下:

$$葡萄糖 \longrightarrow 2\begin{array}{c}CH_3\\CO\\COOH\end{array} \xrightarrow{-CO_2} \begin{array}{c}CH_3\\CO\\COHCOOH\\CH_3\end{array} \xrightarrow{-CO_2} \begin{array}{c}CH_3\\CO\\CHOH\\CH_3\end{array} \xrightarrow{+2H} \begin{array}{c}CH_3\\CHOH\\CHOH\\CH_3\end{array}$$

丙酮酸　　　　乙酰乳酸　　　　乙酰甲基甲醇　　　2,3-丁二醇

$$\downarrow {}^{+OH}_{-2H}$$

$$\begin{array}{c}CH_3\\CO\\CO\\CH_3\end{array}$$

丁二酮

$$\begin{array}{c}CH_3\\CO\\CO\\CH_3\end{array} + HN=C\begin{array}{c}NH_2\\NH_2\end{array} \longrightarrow HN=C\begin{array}{c}N=C-CH_3\\\\N=C-CH_3\end{array} + 2H_2O$$

丁二酮　　　胍基　　　　　　　　红色化合物

(四)柠檬酸盐试验

柠檬酸盐试验用来检测柠檬酸盐是否被利用。有些细菌能利用柠檬酸盐作为碳源,如产气肠杆菌;而另一些细菌不能利用柠檬酸盐,如大肠杆菌。细菌在分解柠檬酸盐及培养基中的磷酸铵后,产生碱性化合物,使培养基的pH升高,当加入1%溴麝香草酚蓝指示剂时,培养基就会由绿色转为深蓝色。溴麝香草酚蓝的指示范围为:pH小于6.0时呈黄色,pH在6.5~7.0之间时为绿色,pH大于7.6时呈蓝色。

(五)硫化氢试验

硫化氢试验用于检测硫化氢的产生情况,是用于肠道细菌检查的常用生化试验。有些细菌能分解含硫的有机物(如胱氨酸、半胱氨酸、甲硫氨酸等)产生硫化氢,硫化氢与培养基中的铅盐或低价铁盐等形成黑色的硫化铅或硫化亚铁沉淀物。

以半胱氨酸为例,其化学反应式如下:

$$CH_2SHCHNH_2COOH + H_2O \longrightarrow CH_3COCOOH + H_2S\uparrow + NH_3\uparrow$$

$$H_2S + Pb(CH_3COO)_2 \longrightarrow PbS\downarrow + 2CH_3COOH$$
(黑色)

在硫化氢试验中,大肠杆菌为阴性,产气肠杆菌为阳性。

三、实验器材

(1)菌种:大肠杆菌($E.\ coli$)和产气肠杆菌($Enterobacter\ aerogenes$)。

(2)培养基:蛋白胨水培养基、葡萄糖蛋白胨水培养基、柠檬酸盐斜面培养基和醋酸铅培养基。

在配制柠檬酸盐培养基时,其pH不要偏高,以淡绿色为宜。吲哚试验中使用的蛋白胨水培养基中宜选用色氨酸含量高的蛋白胨,如用胰蛋白酶水解酪素得到的蛋白胨较好。

(3)试剂:甲基红指示剂、400 g/L KOH溶液、50 g/L α-萘酚溶液、乙醚和吲哚试剂等。

(4)仪器和其他用品:恒温培养箱、接种针、酒精灯等。

四、操作步骤

1. 接种与培养

(1)用接种针将大肠杆菌、产气肠杆菌分别穿刺接入2支醋酸铅培养基(硫化氢试验)中,37 ℃培养 48 h。

(2)将上述 2 种细菌分别接入 2 支蛋白胨水培养基(吲哚试验)、4 支葡萄糖蛋白胨水培养基(甲基红试验和伏-波试验)和 2 支柠檬酸盐斜面培养基(柠檬酸盐试验)中,37 ℃培养 48 h。

2. 结果观察

(1)硫化氢试验。培养 48 h 后,观察黑色硫化铅的产生情况。

(2)吲哚试验。向培养 48 h 后的蛋白胨水培养基内加入 3~4 滴乙醚,摇动数次,静置 1 min,待乙醚上升后,沿试管壁徐徐加入 2 滴吲哚试剂。在乙醚和培养物之间产生红色环状物者为阳性。

(3)甲基红试验。培养 48 h 后,向 2 支葡萄糖蛋白胨水培养基中加入甲基红指示剂 2 滴,培养基变为红色者为阳性,变为黄色者为阴性。

(4)伏-波试验。培养 48 h 后,向另 2 支葡萄糖蛋白胨水培养基中加入 5~10 滴 400 g/L KOH,然后加入等量的 50 g/L α-萘酚溶液,用力振荡,再放入 37 ℃恒温培养箱中保温 15~30 min,以加快反应速度,培养物呈红色者为伏-波反应阳性。

(5)柠檬酸盐试验。培养 48 h 后,观察柠檬酸盐斜面培养基上有无细菌生长和是否变色,蓝色的为阳性,绿色的为阴性。

> **注意事项**
>
> (1)吲哚试验中,注意加入 3~4 滴乙醚,摇动数次,静置 1 min,待乙醚上升后,再沿试管壁徐徐加入 2 滴吲哚试剂,否则观测不到在乙醚和培养物之间产生的红色环状物。
>
> (2)甲基红试验中,应注意甲基红指示剂不要加得太多,以免出现假阳性。

五、实验报告

1. 实验结果

将实验结果填入表 17-1。"+"表示阳性反应,"-"表示阴性反应。

表 17-1 IMViC 结果记录表

菌种	吲哚试验	甲基红试验	伏-波试验	柠檬酸盐试验	硫化氢试验
大肠杆菌					
产气肠杆菌					

2. 思考题

(1)讨论 IMViC 试验在医学检验中的意义。

(2)解释吲哚试验的化学原理,为什么在这个试验中用吲哚作为判断色氨酸酶是否存在的指示物,而不用丙酮酸?

(3)在甲基红试验中,为什么大肠杆菌为阳性,而产气肠杆菌为阴性?这个试验与伏-波试验的最初底物与最终产物有何异同?为什么会出现不同?

(4)说明硫化氢试验中醋酸铅的作用,可以用哪种化合物代替醋酸铅?

实验 18　病毒的培养

根据寄主的不同，可将病毒分为动物病毒（包括昆虫病毒）、植物病毒和细菌病毒（噬菌体）等。由于病毒是专性寄生物，还不能用人工培养基进行培养，因此，对病毒的培养与测定主要依靠实验性感染，例如，细菌病毒（噬菌体）对特异性细菌进行感染，植物病毒对实验性植物进行感染，昆虫病毒则用昆虫感染或组织培养来进行增殖，而动物病毒常用鸡胚培养和组织（细胞）培养来代替动物的实验性感染。

鸡胚培养比较容易成功，比接种动物方便，无饲养管理及隔离等特殊要求，且鸡胚一般无病毒隐性感染，同时它的敏感范围很广，多种病毒均能适应，因此，鸡胚培养是一种经济实用的动物病毒培养方法。近年来，随着细胞培养技术的日趋成熟，不同种属的细胞系被源源不断地建立起来，为病毒的培养提供了大量可供选择的敏感宿主细胞。加之诸如新型冠状病毒、禽流感病毒、人类免疫缺陷病毒等高致病性病毒均可采用细胞培养的方法进行培养，因此，病毒的细胞培养已发展成为现今最重要的病毒培养方法之一。所以，本实验主要介绍病毒的鸡胚培养和细胞培养的技术与方法。

一、实验目的

(1) 了解病毒鸡胚培养和细胞培养的意义和用途。
(2) 掌握病毒鸡胚接种、培养和收获的方法。

二、基本原理

鸡胚是正在发育的机体，组织分化程度低，细胞代谢旺盛，适于许多人类和动物病毒（如流感病毒、新城疫病毒、传染性支气管炎病毒等）的生长增殖，在养殖动物疾病研究中最常用于禽源病毒的分离、培养、生物学特性鉴定、疫苗制备和药物筛选等工作。鸡胚培养的优点是来源充足、价格低廉、操作简单、无须特殊设备或条件、易感病毒谱较广等，但对鸡胚接种用的种蛋质量要求严格，应保证不带病毒，对培养的病毒没有母源抗体，蛋壳最好为白色，便于观察。通常，如果鸡场管理良好，一般没有细菌污染，无潜伏病毒。一般来说，孵育至 8~14 天的鸡胚还未长出羽毛,整体发育日趋完善,各种脏器均已形成,胚体对外源接种物的耐受性较强,最利于病毒的增殖。14 日龄以后,鸡胚骨骼逐渐硬化,体表羽毛渐生,不便于病毒的感染。不同的动物病毒接种于鸡胚有不同的敏感部位,故应选择鸡胚的适宜部位进行接种,以取得最佳的培养效果。应用最广泛的接种部位是尿囊腔、绒毛尿囊膜和卵黄囊,有时也接种于羊膜腔内。

通常病毒感染鸡胚和细胞后会出现不同程度的病变症状,如将痘苗病毒接种于鸡胚绒毛尿囊膜,经培养后产生肉眼可见的白色痘疮样病灶;流感病毒感染犬肾(Madin-Darby canine kidney,MDCK)细胞后出现细胞变圆、收缩脱壁等致细胞病变现象。在实验条件下,病变的严重程度与病毒的毒力相关,故通过观察鸡胚和细胞的病变程度可评估病毒的感染及增殖情况。

三、实验器材

(1)病毒:痘苗病毒(vaccinia virus)、鸡新城疫病毒(Newcastle disease virus)和 A 型流感病毒(influenza virus A)。

(2)宿主细胞:犬肾(MDCK)细胞。

(3)培养基:DMEM 培养基(含 10%新生牛血清、100 μg/mL 的青霉素和链霉素)。

(4)试剂:2.5%碘酒、70%乙醇溶液、2.5 g/L 胰蛋白酶、D-Hank's 液等。

(5)仪器和其他用品:孵化箱、检蛋器、齿钻、磨壳器、钻孔钢锥、蛋架、橡皮胶头、注射器、眼科镊子、尖头镊子、剪刀、封蜡(固体石蜡与凡士林的质量比为 4∶1,混合后融化)、无菌培养皿、无菌盖玻片、6 孔细胞培养板、可调式加样器、无菌试管、倒置显微镜和 CO_2 培养箱等。

(6)白壳受精卵:自产出后不超过 10 天,以 5 天以内的卵为最好。

四、操作步骤

(一)病毒的鸡胚培养

1. 鸡胚选择和孵育

先用清水将孵育前的鸡卵洗净,用布擦干,再放入孵化箱中进行培养孵育(温度为 36 ℃,相对湿度为 45%~60%),孵育 3 天后每天翻动 2~3 次,保证气体交换均匀。孵育第 4 天,用照蛋灯检视鸡胚的发育情况,未受精鸡胚只见模糊的卵黄黑影,不见鸡胚的形迹,这种鸡卵应淘汰。发育良好的鸡胚血管清晰可见,鸡胚可动。随后每天观察一次,对于胚动呆滞或没有运动的,血管昏暗模糊者,即可能是已死或将死的鸡胚,要及时淘汰。生长良好的鸡胚一直孵育到接种前,具体胚龄视拟培养的病毒种类和接种途径而定。

鸡卵孵化期间,箱内应保持新鲜空气流通,特别是孵化 5~6 天后,鸡胚发育加快,氧气需要量增大,空气供应不足会导致鸡胚死亡。

2. 接种

(1)绒毛尿囊膜接种。

①将孵育 9~10 天的鸡胚放在检蛋器上,用铅笔画出气室以及与胚胎略近气室端的绒毛尿囊膜发育得好的地方(图 18-1)。

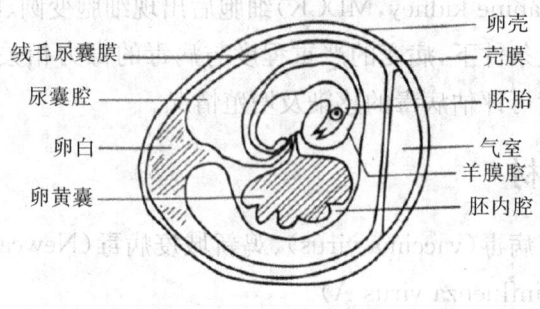

图 18-1 鸡胚示意图

②用碘酒棉球消毒气室顶端与绒毛尿囊膜标记处,并用磨壳器或齿钻在记号处的卵壳上磨出正方形(每边 5~6 mm)的小窗,不可弄破下面的壳膜。在气室顶端钻一个小孔。

③用小镊子轻轻揭去所开小窗处的卵壳,露出壳下的壳膜,注意切勿伤及紧贴在下面的绒毛尿囊膜,此时滴加少许生理盐水,使生理盐水自破口处流至绒毛尿囊膜,以利于两膜分离。

④用针尖刺破气室小孔处的壳膜,再用橡皮乳头吸出气室内的空气,使绒毛尿囊膜下陷,形成人工气室。

⑤用注射器通过窗口的壳膜窗孔将 0.05~0.1 mL 痘苗病毒液滴于绒毛尿囊膜上。

⑥在卵壳的窗口周围涂上半凝固的石蜡,做成堤状,立即盖上消毒盖玻片。也可用揭下的卵壳封口,将卵壳盖上,在接缝处涂以封蜡,封蜡不能过热,以免流入卵内。将鸡卵始终保持人工气室在上方的位置,36 ℃ 培养 48~96 h,观察结果。

温度对痘苗病毒病灶的形成影响显著,应严格控制培养温度在 36 ℃,培养温度高于 40 ℃时,鸡胚不能产生典型病灶。

(2)尿囊腔接种。

①用检蛋器照射鸡胚,用铅笔画出气室与胚胎位置,并在绒毛尿囊膜血管较少的地方做记号。

②将鸡胚竖放在蛋架上,钝端向上。用碘酒消毒气室蛋壳,并用钻孔钢锥在记号处钻一个小孔。

③用带 18 mm 长针头的 1 mL 注射器吸取鸡新城疫病毒液,将针头刺入孔内,经绒毛尿囊膜入尿囊腔,注入 0.1 mL 病毒液。

④用封蜡封孔,在 36 ℃孵化箱中孵育 72 h,观察结果。

(3)羊膜腔接种。

①用检蛋器照射孵育 9~10 天的鸡胚,画出气室范围,并在胚胎最靠近卵壳的一侧做记号。

②用碘酒消毒气室部位的蛋壳,用齿钻在气室顶端磨出一个三角形,每边长约 1 cm,注意勿划破壳膜。

③用无菌镊子剥离蛋壳和壳膜,并滴加无菌液体石蜡 1 滴在下层壳膜上,使其透明,以便观察,若将鸡胚放在检蛋器上,则看得更清楚。

④将无菌尖头镊子的两个尖端并拢,刺穿下层壳膜和绒毛尿囊膜没有血管的地方,并夹住羊膜,将其从刚才的穿孔处拉出来。

⑤左手用另一把镊子夹住拉出的羊膜,右手持带有 26 号针头的注射器刺入羊膜腔内,注入鸡新城疫病毒液 0.1 mL。针头最好用无斜削尖端的钝头,以免刺伤胚胎。

⑥用绒毛尿囊膜接种中的封闭方法将卵壳的小窗封住,在 36 ℃孵化箱内孵育 48~72 h,保持鸡胚的钝端朝上,观察结果。

鸡胚接种病毒的操作过程及使用的器械应保证严格无菌,尽可能在超净工作台上进行操作。

3. 收获

(1)收获绒毛尿囊膜。用碘酒消毒人工气室上的卵壳,去除窗孔上的盖子。将无菌剪刀插入窗内,沿人工气室的界限剪去壳膜,露出绒毛尿囊膜,再用无菌眼科镊子将膜正中夹起,用剪刀沿人工气室边缘将膜剪下,放入加有无菌生理盐水的培养皿内,观察病灶形状。收获的绒毛尿囊膜可用于病毒传代培养,或用 50% 甘油保存于 -20 ℃以下低温冰箱中。

(2)收获尿囊液。

①将 36 ℃孵育 72 h 的鸡胚放在冰箱内 6 h 或过夜,使血液凝固,以便得到无胎血的纯尿囊液。

②用碘酒消毒气室处的卵壳,并用无菌剪刀除去气室处的卵壳。切开壳膜及其下面的绒毛尿囊膜,翻开到卵壳边上。

③将鸡卵倾向一侧,用无菌吸管吸出尿囊液,一个鸡胚约可收获 6 mL 尿囊液。将收获的尿囊液暂存于 4 ℃冰箱中,经无菌实验检测合格后于 -20 ℃长期

储存。

收获尿囊液时勿损伤血管,否则病毒会吸附在红细胞上,使病毒滴度显著下降。

观察鸡胚有无典型的病理症状。

(3)收获羊水。

①按收获尿囊液的方法消毒、去壳,翻开壳膜和尿囊膜。

②吸出尿囊液。

③用镊子夹住羊膜,以尖头毛细管插入羊膜腔,吸出羊水,放入无菌试管内,每个鸡胚可吸 0.5~1.0 mL。经无菌实验检测合格后,保存于 −20 ℃以下低温冰箱中。

观察鸡胚有无典型的病理症状。

(二)病毒的细胞培养

1. 宿主细胞培养

从液氮中取出冷冻的 MDCK 细胞管,在 37 ℃水浴中迅速解冻,按无菌操作将解冻的细胞接种于 T-25 培养瓶中,加入 7~10 mL DMEM 培养液(含 10%新生牛血清),混匀后置于 37 ℃恒温培养箱内培养 2~3 天,待细胞形成致密单层后备用。

2. 细胞悬液制备

取 MDCK 细胞培养单层 1 瓶,弃去上清液,加入 2.5 g/L 胰蛋白酶 1 mL,37 ℃消化 2~5 min,待细胞完全脱壁后加入 3 mL DMEM 培养液,充分分散细胞。取样并进行显微计数,调整细胞浓度为 $(2\sim5)\times10^5$/mL,备用。

3. 细胞接种

取 2 块 6 孔细胞培养板,每孔中加 MDCK 细胞悬液 2 mL,补加 DMEM 培养液 2 mL。

4. 细胞培养增殖

将细胞培养板置于 37 ℃、5% CO_2 培养箱中培养 24~36 h,待细胞形成 70%左右的单层后用于病毒接种。

5. 病毒稀释

从 −70 ℃冰箱中取出冻存的 A 型流感病毒液,解冻后(滴加 2~3 滴 2.5 g/L 胰蛋白酶)用 D-Hank's 液作 10 倍连续稀释($10^0, 10^{-1}, 10^{-2}, 10^{-3}, 10^{-4}, \cdots\cdots$),备用。

6. 病毒感染

从培养箱中取出细胞培养板,弃去细胞培养上清液,用 D-Hank's 液洗 2 次,分别向孔中加入 10^0,10^{-2},10^{-4} 稀释的病毒液 0.5 mL(每个稀释度至少加 3 个重复孔),对照孔用 0.5 mL D-Hank's 液替代病毒液。在 37 ℃恒温培养箱内吸附 30 min,移去病毒液,每孔加新鲜的 DMEM 培养基(含 10%新生牛血清)4 mL,置于 CO_2 培养箱中培养 48～72 h。

7. 观察

逐日用倒置显微镜观察 MDCK 细胞病变情况,如果病毒感染滴度适宜,培养 48～72 h 后 MDCK 细胞出现变圆、凝集收缩等典型的致细胞病变现象。

注意事项

(1)待检的病毒病料、实验用病毒材料均可能感染人体或污染环境,需要在生物安全柜中做实验,严格执行无菌操作。

(2)要规范操作,小心谨慎,防止带毒液体外溢。

(3)实验结束后,相关用具、台面和病毒废液要严格消毒灭菌。

(4)操作者需用消毒液洗手后方可离开实验室。

(5)将稀释病毒液加入细胞培养板后,要留有足够的吸附时间。

五、实验报告

1. 实验结果

(1)描述痘苗病毒在鸡胚绒毛尿囊膜上培养后所出现的病变状况。

(2)描述鸡新城疫病毒接种于鸡胚培养后,鸡胚所发生的变化。

(3)将致细胞病变作用(cytopathic effect,CPE)的观察结果记录于表 18-1 中。

表 18-1 结果记录表

病毒稀释度	培养 24 h	培养 48 h	培养 72 h
10^0			
10^{-2}			
10^{-4}			
对照			

2. 思考题

(1)本实验所用的痘苗病毒和鸡新城疫病毒除能在鸡胚中进行培养外,还能用哪些方法进行培养? 试比较它们的优缺点。

(2)接种病毒后的鸡胚可能出现非特异性的意外死亡和病毒感染引起的特异性死亡,如何判定死亡原因?

(3)A型流感病毒感染引起人患流感疾病,为什么实验中不选用人的细胞作为该病毒的宿主?

(4)病毒接种时为何要作适当稀释?不稀释会出现什么结果?

细胞培养常用液体的配制

1. 0.4%酚红溶液

称取酚红0.4 g,置于研钵中研细,逐渐加入0.1 mol/L NaOH溶液,边滴加边研至酚红完全溶解,所加NaOH溶液的量为11.28 mL。将配好的酚红溶液移入锥形瓶中,加三蒸水88.72 mL,4 ℃保存备用。

2. 胰蛋白酶溶液

配方:胰蛋白酶粉0.25 g、D-Hank's液100 mL。

配制:将胰蛋白酶溶于适量D-Hank's液中,再补充D-Hank's液至100 mL,充分搅拌至完全溶解后,置于4 ℃冰箱内过夜,再过滤除菌,分装于小瓶中,保存于−20 ℃冰箱内。

3. 胰蛋白酶-EDTA消化液

配方:胰蛋白酶粉0.25 g、EDTA 0.02 g。

配制:将上述两种试剂溶于适量D-Hank's液(或PBS缓冲液)中,再补充D-Hank's液至100 mL,充分搅拌至完全溶解后,置于4 ℃冰箱内过夜,再过滤除菌,分装于小瓶中,保存于−20 ℃冰箱内。

第二部分 综合实验

实验 19　细菌的致病性实验

在种类繁多的细菌中,有很少一部分作为病原菌给人、动物或植物造成了很大的危害。病原菌的致病作用取决于它的致病性和毒力,前者是指一定种类的病原菌在一定条件下引起机体发生疾病的能力,后者是指病原菌致病力的强弱程度。构成病原菌毒力的因素包括侵袭力和毒素。侵袭力促使病原菌突破动物机体的防御机能并在其体内繁殖、蔓延、扩散,主要包括菌毛、细胞壁成分的黏附和定植作用,荚膜及生物被膜、IgA 蛋白酶对宿主防御机能的抵抗,以及产生的透明质酸酶、血浆凝固酶等有利于病原菌在机体内扩散的酶类;毒素是细菌产生的对机体有毒性的物质,主要包括以脂多糖为主要成分的内毒素和大多数分泌到菌体外的蛋白质类外毒素。

Ⅰ. 细菌对细胞的黏附试验

一、实验目的

掌握细菌对宿主细胞黏附的原理及黏附试验方法。

二、基本原理

病原菌突破动物机体的皮肤、黏液屏障后,黏附并定植于宿主的呼吸道、消化道和泌尿生殖道黏膜的上皮细胞表面,才可能侵入细胞内生长、繁殖并向周围扩散,因此,黏附是细菌感染发生的首要步骤。细菌的黏附作用需要两个基本条件,即黏附素和宿主细胞表面的黏附素受体。黏附素是细菌表面与黏附相关的一类蛋白质,包括菌毛黏附素和非菌毛黏附素两大类。很多研究表明,病原菌一旦失去菌毛,其致病性也将随之消失。非菌毛黏附素来自细菌表面的其他组分,如革兰氏阴性菌的外膜蛋白和革兰氏阳性菌细胞壁中的脂磷壁酸等。

三、实验器材

（1）菌种：培养至稳定期并调节浓度至 1×10^8 CFU/mL 的有黏附性的链球菌。

（2）细胞：人喉表皮样癌（HEp-2）细胞（已计数）。

（3）培养基：含10%胎牛血清、不加抗生素的 RPMI 1640 培养基、TSB 琼脂等。

（4）试剂：PBS（pH 6.5）、0.05%胰酶、0.03% EDTA、生理盐水、革兰氏染液等。

（5）仪器和其他用品：24孔细胞培养板、离心机、恒温培养箱、无菌盖玻片、显微镜等。

四、操作步骤

（1）在24孔细胞培养板中（设计6个内加无菌盖玻片的孔）加入 HEp-2 细胞（约 1×10^6 个/孔），细胞在 37 ℃、5% CO_2 条件下长成单层，弃去营养液，用无菌 PBS 洗涤3次。

（2）取 2 mL 培养至稳定期的浓度为 1×10^8 CFU/mL 的细菌，离心，用无菌 PBS 洗涤3次，用未加抗生素的 RPMI 1640 培养基重悬，作10倍稀释，取 1 mL 稀释的细菌悬浮液加入处理好的24孔细胞培养板中，使感染复数（multiplicity of infection，MOI）为10∶1（感染复数是指能够感染细胞的细菌数目与细胞数目的比值），每株菌做3个重复，只加 RPMI 1640 培养基的为阴性对照；6个内加无菌盖玻片的孔做同样处理，即3个孔加菌，3个孔加入 RPMI 1640 培养基。

（3）在 37 ℃、5% CO_2 条件下孵育 2 h，使细菌黏附细胞。

（4）用 PBS 洗涤5次，除去未黏附的细菌，并在未加盖玻片的孔中加入 200 μL 含 0.05%胰酶和 0.03% EDTA 的细胞培养液，37 ℃保温 10 min，重悬并裂解细胞；将盖玻片取出，自然干燥，固定，用革兰氏染液染色 1 min，在油镜下观察有菌的盖玻片，可见细菌集中在细胞表面或边缘，统计每个盖玻片上20个细胞黏附的细菌数。

（5）加入 800 μL 无菌生理盐水，刮动细胞培养板底上的细胞，并反复吸吹，释放黏附在细胞上的细菌。

（6）每孔菌液分别稀释 10^4、10^5、10^6 倍后，各取 100 μL 均匀涂布于 TSB 琼脂平板上，每个稀释度涂3块平板，37 ℃培养过夜，对 TSB 琼脂平板上的菌落进行计数。

注意事项

(1) 严格执行无菌操作。
(2) 每株菌至少做 3 个重复，统计时先计算平均值再分析，以免产生误差。
(3) 通过细胞计数保证每孔细胞数目相当。

Ⅱ. 荚膜的致病作用

一、实验目的

掌握荚膜在抵抗宿主防御中的作用及荚膜检测方法。

二、基本原理

荚膜是某些细菌在体内或营养丰富的环境中形成的、包围在菌体外的一层黏液样物质。荚膜具有抗动物吞噬细胞的吞噬作用以及抗体液中有害物质损伤的作用，是致病菌的重要毒力因子，在感染早期有助于细菌突破宿主的防御屏障迅速向周围扩散。因此，荚膜与细菌的侵袭力密切相关。有荚膜的菌株一旦失去荚膜，其致病力也会随之减弱或消失。

三、实验器材

(1) 菌种：荚膜株肺炎链球菌和无荚膜株肺炎链球菌 18~24 h 的血清肉汤培养物。
(2) 实验动物：健康小白鼠（20 g 左右）2 只。
(3) 其他试剂：革兰氏染液、荚膜染液等。
(4) 其他用品：无菌注射器、剪刀、载玻片等。

四、操作步骤

(1) 将小白鼠做好标记。
(2) 对小白鼠进行腹部常规消毒后，一只在腹膜腔注射荚膜株肺炎链球菌培养物 0.2 mL，另一只按同样方法注射无荚膜株肺炎链球菌培养物 0.2 mL。
(3) 将 2 只小白鼠置于玻璃缸内，按时饲养，观察其发病情况。
(4) 待小白鼠濒死时，及时对其进行解剖，取其心腔血液或腹膜腔液制作涂片，分别进行革兰氏染色和荚膜染色，在显微镜下观察细菌形态及荚膜的存在情况。

Ⅲ. 内毒素的检测

一、实验目的

掌握细菌内毒素对动物的致热作用及检测内毒素的方法。

二、基本原理

内毒素是革兰氏阴性细菌细胞壁中的脂多糖(lipopolysaccharide,LPS)成分,当细菌细胞壁破裂后才释放出来。与外毒素相比,内毒素的耐热、毒性作用相对较弱,各种革兰氏阴性细菌产生的内毒素的致病作用相似,如引起发热、微循环障碍、休克、弥散性血管内凝血等。内毒素的致热作用是:脂多糖激活单核细胞、巨噬细胞等,使之产生白细胞介素-1(interleukin-1,IL-1)、IL-6、肿瘤坏死因子(tumor necrosis factor-α,TNF-α)等内源性发热激活物,再作用于宿主下丘脑体温调节中枢,上调体温调定点,使体温升高,引起发热。

三、实验器材

(1)菌种:伤寒沙门菌菌液(经 100 ℃加热 30 min 处理,稀释至 $1×10^9$ CFU/mL)。

(2)实验动物:1.5~2 kg 健康家兔 3 只。

(3)试剂:碘酒、75%乙醇溶液、凡士林等。

(4)其他用品:体温计、无菌注射器、棉球等。

四、操作步骤

(1)实验前使家兔禁食 1 h,然后用体温计测量家兔体温。测量方法如下:用乙醇棉球消毒体温计,在体温计尖端涂抹少量凡士林;将家兔轻轻固定在实验台上,从肛门插入体温计,15 min 后取出,用干棉球擦去凡士林,观察并记录体温;肛温测量连续 3 次,每次间隔 1 h。肛温应该在 38.2~39.6 ℃的正常范围内,后两次肛温温差小于 0.2 ℃的家兔即可供实验使用,并取 3 次肛温平均值作为该家兔的正常体温。

(2)测定体温后 15 min 内,用注射器吸取预温至 37 ℃的伤寒沙门菌菌液 0.5~1.0 mL,注入家兔耳静脉内。

(3)每隔 1 h 测量肛温一次,连测 3 次,取最高一次肛温减去正常体温即该家兔的升温值。3 只实验家兔中,有 2 只或以上升温值大于 0.6 ℃,则为内毒素发热反应阳性。

> **注意事项**
>
> (1)将体温计插入家兔肛门时动作要轻柔,避免动物挣扎而影响体温。
> (2)测量各家兔的体温时,体温计插入肛门的深度和时间应相同,深度一般约为 6 cm,时间不少于 15 min。
> (3)每只实验家兔使用同一支体温计测量体温,以减小误差。
> (4)试验用的注射器、针头、试管等,应先在 180 ℃下干热灭菌 2 h,以除去致热原。

Ⅳ. 金黄色葡萄球菌肠毒素的检测

一、实验目的

掌握常见的细菌外毒素检测的原理和方法。

二、基本原理

金黄色葡萄球菌的某些菌株能产生引起急性胃肠炎的肠毒素,肠毒素是一组结构相似的可溶性蛋白质,相对分子质量为 26~30 kDa,目前已经报道的有 20 多种,根据抗原差异可分为 A、B、C_1~C_3、D、E 等 7 个型,动物中毒以 A 型肠毒素引起者最多。肠毒素是一种外毒素,对热的抵抗力极强,加热至 100 ℃维持 30 min 不能完全被破坏,能够抵抗胃肠液中蛋白酶的水解作用,幼猫和幼猴对此毒素敏感,其浓度达到纳克数量级便能产生致毒活性。检测细菌外毒素的方法主要有动物试验和血清学方法,后者包括免疫琼脂扩散法、反向间接血凝试验、免疫荧光法和酶联免疫吸附法。

三、实验器材

(1)菌种:肠毒素阳性的金黄色葡萄球菌。
(2)实验动物:6~8 周龄幼猫。
(3)试剂:2%碘酒。
(4)其他用品:无菌注射器(1 mL)、75%乙醇棉球等。

四、操作步骤

(1)取肠毒素阳性的金黄色葡萄球菌接种于肉汤培养基中,置于 30% CO_2 条件下培养 40 h,然后离心、取上清液,100 ℃加热 30 min 后,取适量上清液对 6~8 周龄幼猫进行腹腔注射。

(2)如果幼猫在注射上清液后 4 h 内发生呕吐、腹泻、体温升高(猫正常体温为 38~39 ℃)或死亡等症状,提示有肠毒素存在的可能。

Ⅴ. 细菌半数致死量的测定

一、实验目的

掌握细菌半数致死量的动物试验测定及计算方法。

二、基本原理

根据细菌的毒力强弱,可将其分为强毒株、弱毒株和无毒株。在疫苗研制、血清效价测定、药物筛选等工作中,需要知道细菌的毒力。细菌毒力的表示方法有很多,最实用的是半数致死量(median lethal dose, LD_{50})和半数感染量(median infective dose, ID_{50})。半数致死量是指使接种的实验动物在感染后一定时间内死亡一半所需要的微生物量或毒素量,它的应用最为广泛。

三、实验器材

(1)菌种:对数生长期的致病性大肠杆菌液体培养物(约 50 mL)。

(2)实验动物:健康小鼠 70 只,雌雄各半。

(3)试剂:PBS、2%碘酒等。

(4)其他用品:无菌注射器(1 mL)、75%乙醇棉球等。

四、操作步骤

(1)将菌液于 4 ℃、5000 r/min 条件下离心 10 min,弃去上清液,用无菌的 PBS 洗涤 3 次,置于 4 ℃备用。对活菌进行计数,将活菌浓度调整至合适的范围内。对菌液作 10 倍浓度梯度稀释,取 6 个稀释度,使最大稀释度的菌液经腹腔接种小鼠的死亡率为 0,最小稀释度的菌液经腹腔接种小鼠的死亡率为 100%。

(2)将小鼠随机分为 7 组,每组雌雄各半,其中一组为对照组,经腹腔接种培养基,其他6组接种稀释好的菌液,每只小鼠接种0.2 mL菌液。

(3)连续观察7天,记录小鼠的发病和死亡情况。

(4)试验结束后,应用Reed-Muench法的公式计算LD_{50}。

$lg LD_{50}$＝lg 高于50％死亡率的最小稀释度＋距离比例×lg 稀释系数

其中

$$距离比例＝\frac{高于50\%死亡率－50\%}{高于50\%死亡率－低于50\%死亡率}$$

注意事项

(1)试验前根据实践经验并参考有关资料或预实验结果,了解死亡率为0和100％的剂量,然后根据组数(一般分5~8组)按照等比级数计算每组动物的接种剂量,相邻两组剂量比值＝lg^{-1}[(lg 最大剂量－lg 最小剂量)/(组数－1)]。

(2)同一试验中,试验动物个体的年龄、体重尽量一致,雌雄各半,各组动物数量相等。

(3)也可以用SPSS软件或Bliss法计算结果。

实验报告(实验Ⅰ~Ⅴ)

1. 实验结果

(1)根据计数结果,应用统计学方法分析不同菌株的黏附能力是否存在统计学差异。

(2)描述所测病原菌的半数致死量的计算过程,并给出所测定的值。

(3)详细描述各实验中出现的现象。

2. 思考题

(1)简述细菌发生黏附的基本条件。

(2)分析乙型溶血性链球菌所致感染易扩散的原因。

(3)简述各实验的原理,以及侵袭力和毒素在细菌致病过程中的意义。

实验20 葡萄球菌和链球菌的微生物学检查

一、实验目的

(1) 了解常见的致病性葡萄球菌和链球菌的形态、生理生化及培养特性。
(2) 掌握金黄色葡萄球菌和主要致病性链球菌的微生物学检查方法。
(3) 掌握 CAMP[①] 试验的原理和应用价值。

二、基本原理

葡萄球菌和链球菌都是具有较厚细胞壁和较强抗干燥能力的革兰氏阳性球菌,广泛分布于自然界,包括健康人及动物的皮肤和呼吸道。当机体免疫力下降时,这两类球菌都会引起呼吸系统感染性疾病;有外伤时,常引起局部化脓性感染;链球菌全身性感染有可能进一步引起自身免疫病;摄入金黄色葡萄球菌产生的毒素通常会引起中毒性疾病。然而,这两类球菌在分类上却存在较大差异,葡萄球菌属归属于芽孢杆菌目葡萄球菌科,而链球菌属却归属于乳杆菌目链球菌科。几乎所有的葡萄球菌都产生过氧化氢酶(触酶),借此可以区别这两类球菌。

目前已发现的葡萄球菌有 40 多个种,其中最常见的葡萄球菌有 3 种,即金黄色葡萄球菌(*S. aureus*)、表皮葡萄球菌(*S. epidermidis*)和腐生葡萄球菌(*S. saprophyticus*)。它们均不产生芽孢和鞭毛,但有的葡萄球菌可产生荚膜。来自脓汁、乳汁或液体培养的葡萄球菌染色后可观察到成对排列或呈短链状,易被误认为链球菌。其中致病性最强的是金黄色葡萄球菌,它是典型的化脓性细菌,具有耐盐生长的特性,能产生葡萄球菌蛋白质 A(staphylococcal protein A,SPA)、溶血素 α~δ、肠毒素 A~E、毒性休克综合征毒素、杀白细胞素、血浆凝固酶、耐热核酸酶、透明质酸酶等多种毒力因子,可引起人和动物的创伤感染、乳房炎、关节炎、脐炎等化脓性疾病,还可造成人类的食物中毒(恶心、呕吐及腹泻)或中毒性休

---

① 1944年,Christis、Atkins 和 Munch-Peterson 首先描述了 CAMP 现象,根据他们姓氏的首字母定名为 CAMP。

克。金黄色葡萄球菌产生的肠毒素和毒性休克综合征毒素都是超抗原,能通过激活动物体内大量 T 细胞克隆释放细胞因子,引起发热或过敏。金黄色葡萄球菌对龙胆紫非常敏感,但容易发生耐药性变异,造成医院内交叉感染,治疗前应做药敏试验。金黄色葡萄球菌可通过选择性分离培养、菌落颜色、溶血性、过氧化氢酶(触酶)试验、血浆凝固酶试验、耐热核酸酶试验、甘露醇发酵试验、肠毒素检查等进行鉴定。表皮葡萄球菌对免疫力低下个体有一定致病性,也可引起乳腺炎,但通常不产生血浆凝固酶。

链球菌是不产生芽孢的同型发酵革兰氏阳性球菌,按溶血能力分为 α 溶血性链球菌、β 溶血性链球菌和 γ 溶血性链球菌。α 溶血性链球菌会在菌落周围形成不透明的草绿色溶血环,一般致病力弱。β 溶血性链球菌会在菌落周围形成完全透明的溶血环,致病力较强。γ 溶血性链球菌的菌落周围无溶血现象,通常对动物无致病力。依据群特异性抗原(核蛋白抗原),可将链球菌按兰氏分群(Lancefield's classification)分为 A~H、K~V 等 20 个血清群。A 群、B 群链球菌的代表种分别是化脓链球菌(S. pyogenes)与无乳链球菌(S. agalactiae),C 群链球菌的代表种是停乳链球菌(S. dysgalactiae)和马链球菌(S. equi),R 群链球菌的代表种是猪链球菌(S. suis)2 型。包括乳房链球菌(S. uberis)和肺炎链球菌(S. pneumoniae)在内的某些种的链球菌尚无法按兰氏分群进行分类。依据 M 蛋白,A 群链球菌又分为约 100 个血清型,B 群链球菌分为 4 个血清型,C 群链球菌分为 15 个血清型。A 群、B 群和 C 群链球菌多数有荚膜。依据荚膜多糖,猪链球菌和肺炎链球菌分别至少有 9 个和 90 个血清型。由于引起相同疾病的链球菌分型众多,并且多数无共同的保护性抗原,因此难以研制出有效的通用疫苗,只能用地方流行菌株制成灭活疫苗加以控制。

链球菌在医学和兽医学上都很重要,不同的链球菌引起的疾病有一定差异(有时相似)。在自然条件下很容易发生转化而造成遗传重组,这会对链球菌产生耐药性或发挥致病性产生重要的影响。例如,化脓链球菌对人可引起咽喉炎、肺炎、猩红热和风湿热;无乳链球菌、停乳链球菌和乳房链球菌常引起牛、羊的乳房炎;马链球菌兽疫亚种可引起多种家畜的子宫炎、关节炎或败血症,马链球菌马亚种可引起马腺疫(颌下淋巴结脓肿疾病);猪链球菌 2 型可致猪全身性疾病,包括急性致死性脑膜炎、多发性关节炎、支气管肺炎、败血症等;肺炎链球菌不仅可引起人的大叶性肺炎,也可引起初生幼畜败血症;无乳链球菌还可引起婴儿败血症和罗非鱼脑膜炎。在鉴定致病性链球菌时,主要以形态结构、培养特性、生化试验及宿主动物作为鉴定种别的依据。在诊断链球菌引起的疾病时,常应用快速抗原检测、链球菌溶血素 O 特异性抗体检测、血液琼脂分离培养、动物试验等方法。

三、实验器材

（1）菌种：金黄色葡萄球菌、表皮葡萄球菌、腐生葡萄球菌、无乳链球菌、停乳链球菌、乳房链球菌、肺炎链球菌、化脓链球菌等的纯培养物。

（2）培养基：麦康凯琼脂平板、普通营养琼脂平板、卵黄高盐甘露醇培养基、绵羊（或家兔）血液琼脂平板、普通肉汤、甘露醇发酵管等。

（3）试剂：1∶5稀释的兔血浆、3% H_2O_2 溶液、瑞氏染液、革兰氏染液、0.5%溴甲酚紫溶液、生理盐水等。

（4）其他用品：接种环、载玻片等。

四、操作步骤

（一）葡萄球菌的鉴定

1. 形态观察

蘸取葡萄球菌菌落直接涂片，用革兰氏染液染色，观察其个体形态、排列及染色特征。在液体培养物和病料涂片中，葡萄球菌通常单个、成对存在或呈短链状；在固体培养基上生长的常呈典型的葡萄串状排列。革兰氏染色呈阳性。

2. 培养特性观察

将血液琼脂平板分为几个等份，取各种葡萄球菌或从病料中取菌，划线接种于血平板表面，并进行标记。同样将菌株接种于普通琼脂平板和普通肉汤中，37 ℃培养18~24 h，观察并记录结果。

（1）普通营养琼脂平板：菌落呈圆形，湿润、不透明，边缘整齐，表面隆起、光滑。由于菌株或培养时间不同，产生的脂溶性色素也不同，菌落呈现黄色、白色或柠檬色。

（2）血液琼脂平板：多数致病菌株有明显的溶血现象。

（3）卵黄高盐甘露醇培养基：金黄色葡萄球菌能生长并形成菌落。

（4）麦康凯琼脂平板：不能生长。

（5）普通肉汤：显著混浊，形成沉淀，在管壁形成菌环。

3. 生化特性鉴定

（1）甘露醇发酵试验。将各种葡萄球菌分别接种于甘露醇发酵管中，37 ℃培养24 h，观察分解甘露醇的情况。

（2）过氧化氢酶（触酶）试验。用接种环挑取葡萄球菌菌落涂抹于洁净载玻片上，然后滴加1~2滴临时配制的3% H_2O_2 溶液，立即观察有无气泡产生。出现气泡者为阳性。

(3) 血浆凝固酶试验。在载玻片上滴加 1 滴生理盐水，挑取少许菌落在其中混匀，然后滴加 1 滴兔血浆，混匀，若细菌凝集成块，则为阳性。

(4) 葡萄球菌的鉴定。金黄色葡萄球菌的过氧化氢酶试验和血浆凝固酶试验结果为阳性，通常产生金黄色色素，在血液琼脂平板上溶血，发酵甘露醇产酸不产气。其他两种葡萄球菌的血浆凝固酶试验结果通常为阴性。表 20-1 列出了 3 种常见葡萄球菌的鉴别要点。

表 20-1　3 种常见葡萄球菌的鉴别要点

菌种	血浆凝固酶试验	三糖铁培养基底部变黄	发酵甘露醇	
			有氧条件下	厌氧条件下
金黄色葡萄球菌	+	+	+	+
表皮葡萄球菌	-	+	±	-
腐生葡萄球菌	-	-	±	-

注："+"表示阳性；"-"表示阴性；"±"表示阳性或阴性。

4. 动物试验

用家兔做感染试验，即皮下接种葡萄球菌的 24 h 培养物 1 mL，可引起局部皮肤溃疡或坏死；静脉注射 0.1~0.5 mL，动物在 24~48 h 内死亡，剖检可见浆膜出血，肾脏、心脏等脏器出现大小不等的脓肿。

若怀疑食物中毒，取呕吐物或剩余食物接种至普通肉汤，培养 40 h，离心取上清液，经腹腔或静脉注射于幼猫，若 15 min 至 2 h 内出现寒战、呕吐、腹泻等急性胃肠炎症状，即可判定毒素存在。

(二) 链球菌的鉴定

1. 形态观察

用接种环分别挑取各种链球菌培养物或病料（脓汁、乳汁、渗出物等）并涂片，经革兰氏染色，镜检观察它们的个体形态、排列、大小及染色特征。多数链球菌在血清肉汤中呈长链状，而在固体培养基上或病料涂片中则常呈短链状。应用瑞氏染液染色检查链球菌，肺炎链球菌显示出很厚的荚膜，但应注意猪链球菌也有荚膜。

2. 培养特性观察

(1) 接种。以划线法将各种链球菌或分离培养的可疑菌落分别接种于普通营养琼脂平板、叠氮钠血液琼脂平板（NaN_3 含量为 0.2‰，为选择剂）、血清肉汤或马丁肉汤中，随后 37 ℃培养 18~24 h（液体培养基只需培养 6~18 h）。

(2)结果观察。观察并记录平板上菌落的形态、大小及溶血情况,以及细菌在血清肉汤或马丁肉汤中的生长情况。链球菌在普通营养琼脂平板上生长不良;但在血液琼脂平板上生长良好。仔细观察溶血现象,必要时可去除菌落再观察。链球菌的溶血现象可分为 α、β 和 γ 三种类型:在血液琼脂平板深处形成灰绿色菌落,其周围有不透明的绿色轮晕,判定为 α 型溶血,又称绿色溶血型;在血液琼脂平板上的菌落周围形成无色透明的溶血环,判定为 β 型溶血;在血液琼脂平板上的菌落周围不产生溶血现象,判定为 γ 型溶血,又称非溶血型。溶血现象越明显,链球菌菌株的致病性越强。

3. 生化特性鉴定

为了鉴定链球菌,除观察形态排列、培养特性和溶血现象外,还必须通过生化试验进行判断。常用乳糖、菊糖、山梨醇、水杨苷发酵管培养基,观察它们对这些碳水化合物的分解能力,最后作出综合判断。链球菌通常不能产生过氧化氢酶,但都能分解葡萄糖和蔗糖。肺炎链球菌的脱酰胺自溶酶能被胆汁(脱氧胆酸钠)激活,溶解自身细胞并分解菊糖;而 A 群链球菌(如化脓链球菌)恰好与之相反。

4. 培养特性鉴定

对乳房炎的诊断,应着重检查无乳链球菌、停乳链球菌、乳房链球菌这 3 种链球菌以及化脓链球菌和金黄色葡萄球菌。鉴定 4 种链球菌及金黄色葡萄球菌常用下列两种体外培养方法:

(1)溴甲酚紫试验。取 0.5 mL 无菌的 0.5%溴甲酚紫溶液,加入 9.5 mL 新挤出的牛乳中(废弃初挤出的牛乳,然后按无菌操作将牛乳挤入无菌的刻度试管中),混匀后乳汁呈紫色。37 ℃培养 24 h,观察结果。如果试管内由紫色变为绿色或黄色,沿管壁在管底有黄色团块,则为无乳链球菌。因为它所引起的乳房炎的乳清中含有凝集素,在这种情况下,无乳链球菌生长时常聚集成团,又因此菌能发酵乳糖产酸而使乳汁变为黄色。如果病乳中含有两种以上细菌,或采乳过程中被其他细菌污染,则可出现不同的结果而不易判断。

(2)CAMP 试验。在血液琼脂平板上,先以划线方式接种金黄色葡萄球菌,与此线垂直接种被检的链球菌。在有金黄色葡萄球菌产物存在的情况下,无乳链球菌可产生明显的溶血现象,即后者的溶血能力增强,而停乳链球菌和乳房链球菌则无此现象。但应注意,并非只有无乳链球菌的 CAMP 试验呈阳性,因为李斯特菌等的 CAMP 试验也呈阳性。

5. 动物试验

对疑似停乳链球菌引起的疾病,可先通过划线接种获得链球菌纯培养物,再接种到血清肉汤,培养 18 h,随后注入小鼠腹腔或家兔静脉,应能使实验动物在 1

周内死亡。无乳链球菌则可用小鼠作为敏感实验动物。

> **注意事项**
>
> (1)在进行革兰氏染色时,应挑取最适生长阶段的菌落(18~24 h)进行涂片,否则可能出现染色特性不均一。
> (2)平板制备和细菌接种都应严格按照无菌操作进行,以防止病原菌的散播或感染。
> (3)制作血液琼脂平板时,应使用脱纤维血(绵羊血优于兔血),加入量为5%。

五、实验报告

1. 实验结果

(1)绘图说明葡萄球菌和链球菌的形态特点。
(2)描述葡萄球菌和链球菌的主要培养特性和生化特性。
(3)描述金黄色葡萄球菌与链球菌对动物致病性的差异。

2. 思考题

(1)如何鉴别葡萄球菌与链球菌?
(2)如何区分金黄色葡萄球菌与表皮葡萄球菌或腐生葡萄球菌?
(3)试述葡萄球菌血浆凝固酶试验的原理及其意义。
(4)如何检测葡萄球菌引起的食物中毒?此时用抗生素治疗有效吗?
(5)引起奶牛乳房炎的常见球菌有哪些?如何进行鉴定?
(6)何谓CAMP试验? CAMP试验有何应用价值及不足?

实验21 猪丹毒杆菌和李氏杆菌的微生物学检查

一、实验目的

(1)了解猪丹毒杆菌和李氏杆菌的病原学特性。
(2)熟悉并掌握猪丹毒杆菌和李氏杆菌的形态与培养特性。
(3)熟悉并掌握猪丹毒杆菌和李氏杆菌的微生物学检查方法。

二、基本原理

(一)猪丹毒杆菌

猪丹毒杆菌亦称猪丹毒丝菌,是猪丹毒的病原菌。猪丹毒是一种猪常见的急性传染病,根据其主要的临床症状可以分为急性型(败血症症状)、亚急性型(在皮肤上出现紫红色疹块)和慢性型(疣状心内膜炎与多发性关节炎)。猪丹毒杆菌广泛分布于自然界,目前集约化养猪场中比较少见,但仍未完全得到控制。该菌呈世界性分布,主要使猪发病,牛、羊和家禽(火鸡、鸽子等)偶尔也有发病。健康猪的扁桃体、肠黏膜及胆囊内也带有此菌。病猪和带菌猪是此病的传染源。猪丹毒杆菌也可感染人,引起温和型皮肤感染,称为类丹毒。海鱼常带菌,可通过外伤感染渔民。从患病动物的粪便、尿液、乳汁以及眼、鼻、生殖道的分泌液中都可分离到该菌。

猪丹毒杆菌是一种革兰氏阳性菌,老龄培养物中菌体的着色能力较差,常呈阴性,具有明显的形成长丝倾向。该菌为平直或微弯纤细小杆菌,大小为$(0.2\sim 0.4)~\mu m \times (0.8\sim 2.5)~\mu m$。病料内的细菌单个、成对或成丛存在;在白细胞内则一般成丛存在;在陈旧的肉汤培养物内和慢性病猪的心内膜疣状物中,该菌多呈长丝状,有时很细。猪丹毒杆菌无运动性,不能形成荚膜和芽孢。

猪丹毒杆菌为需氧或兼性厌氧菌,生长温度为$5\sim 42~℃$,最适生长温度为$30\sim 37~℃$;在pH $6.7\sim 9.2$范围内均可生长,最适pH为$7.2\sim 7.6$。在普通培养基上可以生长,但在血清琼脂或血液琼脂培养基上生长得更好。

实验 21　猪丹毒杆菌和李氏杆菌的微生物学检查

猪丹毒杆菌对盐腌、火熏、干燥、腐败和日光等环境的抵抗力较强。在饮用水中可存活 5 天,在污水中可存活 15 天,在深埋的尸体中可存活 9 个月。肉内的猪丹毒杆菌经盐腌或熏制之后尚能存活 3~4 个月之久。该菌暴露于日光之下还能存活 10 天,在干燥状态下可存活 3 周。猪丹毒杆菌对热的抵抗力较差,50 ℃加热 15~20 min 或 70 ℃加热 5 min 即可杀死。该菌对一般的消毒剂比较敏感,如 5%石炭酸、3%来苏尔、0.1%氯化汞、5%生石灰乳、1%漂白粉等,经 5~15 min 处理即可杀死该菌。该菌的耐酸性较强,猪胃内的酸度不能将其杀死,因此该菌可经胃进入肠道。

(二)李氏杆菌

通常所说的李氏杆菌病是指由产单核细胞李氏杆菌引起的一种人兽共患传染病。李氏杆菌属有 7 个种,其中产单核细胞李氏杆菌和伊氏李氏杆菌是主要的致病菌。产单核细胞李氏杆菌作为一种致病菌,直接危害人类和动物的健康,已引起世界各国的关注和高度重视。该菌耐碱不耐酸,在 55 ℃湿热环境中处理 40 min 或用消毒剂处理 5~10 min 均能被杀死,在培养基上则可存活几个月。该菌的抗干燥能力强,在干粪中可存活 2 年以上,低温可延长其存活时间。在饲料中,该菌在夏季可存活 1 个月,冬季可存活 3~4 个月。在 pH 为 5.0~9.0 的环境中,1 年后仍可检出。在 4 ℃下耐盐高达 30.5%。

李氏杆菌于 37 ℃培养 24 h 可分解葡萄糖、果糖、海藻糖、鼠李糖和水杨苷,产酸不产气;不分解棉籽糖、肌醇、卫矛醇、木糖和甘露醇。该菌不产生硫化氢和吲哚,不还原硝酸盐,加入该菌的石蕊牛乳在 24 h 微变酸,但不凝固,该菌的甲基红试验和伏-波试验阳性。该菌在麦康凯琼脂上不生长,菌体不分支;过氧化氢酶试验阳性。该菌为需氧或兼性厌氧菌,生长温度为 30~37 ℃。在普通琼脂培养基中可生长,但在血清或血液琼脂培养基上生长良好,加入 0.2%~1%的葡萄糖以及 2%~3%的甘油生长更加良好。在 4 ℃可缓慢增殖,约需 7 天。

体外试验中,李氏杆菌对阿米卡星、头孢噻呋、万古霉素和四环素高度敏感,对红霉素、青霉素和庆大霉素中度敏感,对土霉素、多黏菌素、磺胺类药物和新霉素耐药。

李氏杆菌在自然界分布很广,可从土壤、污水、奶酪和青贮饲料里分离得到,也可以从 50 多种动物(包括反刍动物、猪、马、犬等)体内分离得到。多种野兽、野禽、啮齿动物(特别是鼠类)都易感染此菌,常为该菌的贮存宿主。患病动物和带菌动物是李氏杆菌病的传染源,其粪、尿、乳汁以及眼、鼻孔和生殖道的分泌液中都可分离得到该菌。李氏杆菌主要通过粪-口途径传播,自然感染的传播途径包括消化道、呼吸道、眼结膜和损伤的皮肤。污染的土壤、饲料、水和垫料都可成为该菌的传播媒介。李氏杆菌具有嗜神经性,李氏杆菌病一般为散发,但发病后的致死率很高,其在家畜中主要表现为脑膜脑炎、败血症和孕畜流产;在家禽和啮齿类动物中则表现为坏死性肝炎和心肌炎,有的还可出现单核细胞增多症;在人群中主要表现为脑膜脑炎和孕妇流产。

三、实验器材

(1)实验动物:健康成年鸽子、18~20 g的清洁级小鼠和清洁级豚鼠等。

(2)培养基:血液琼脂培养基、血清琼脂培养基、尿素酶培养基、柠檬酸盐培养基、醋酸铅琼脂培养基、胰蛋白胨琼脂培养基、蛋白胨水培养基、肉汤培养基、明胶培养基等。

(3)试剂:革兰氏染液、葡萄糖、乳糖、果糖、蔗糖、麦芽糖、菊糖、棉籽糖、鼠李糖、D-甘露糖、木糖、甲基红及V-P等各类微量生化反应管、3% H_2O_2 溶液等。

(4)仪器和其他用品:注射器、剪刀、镊子、研钵、试管、载玻片、普通光学显微镜、恒温培养箱等。

四、操作步骤

(一)猪丹毒杆菌

1. 病料采集

可按无菌操作采取急性型病死猪的肝脏、脾脏、肾脏、心血和淋巴结,按无菌操作采取慢性型和亚急性型病猪的皮肤疹块、肿胀关节和心内膜上的疣状赘生物作为病料。

2. 形态观察

用接种环挑取病料,在载玻片上涂成直径0.8~1 cm、厚薄均匀的涂片,经革兰氏染色后置于显微镜下镜检。猪丹毒杆菌为革兰氏阳性、平直或稍弯曲、纤细的小杆菌。

3. 细菌分离培养

操作前首先在平板上做好标记。采用分离划线法进行病菌分离。对于死亡过久的尸体,可取骨髓作分离培养。接种后将平板置于37 ℃培养1~2天,观察并记录结果。在血清琼脂培养基上可形成针尖大小的露珠样、光滑型小菌落;在血液琼脂培养基上可形成圆形、灰白色、湿润光滑型菌落,其边缘有狭窄的绿色溶血环。也可以在培养基中加入叠氮钠和结晶紫各万分之一,制成选择培养基,只有猪丹毒杆菌能在这种培养基上正常生长繁殖,而其他杂菌的生长会受到抑制。

4. 细菌生化鉴定

(1) 糖发酵试验。将猪丹毒杆菌分别接种于葡萄糖、乳糖、果糖、蔗糖、麦芽糖、菊糖、棉籽糖、鼠李糖、D-甘露糖、木糖的半固体培养基中，37 ℃培养 24~48 h，观察其对糖的利用情况并记录结果。根据结果判断待检菌，若产酸，则培养基变黄，为阳性反应，以"＋"表示；若产酸产气，以"⊕"表示；若没有变化，则为阴性反应，以"－"表示。

(2) 尿素酶试验。将猪丹毒杆菌划线接种于尿素酶培养基斜面上，37 ℃培养 24~48 h，观察并记录其反应情况。培养基变粉红色至红色者为阳性反应，不变色者为阴性反应。

(3) 柠檬酸盐利用试验。将猪丹毒杆菌划线接种于柠檬酸盐培养基斜面上，37 ℃培养 24~48 h，观察并记录其对有机酸盐的利用情况。培养基变成深蓝色者为阳性反应，不变色者为阴性反应。

(4) 吲哚(靛基质)试验。将猪丹毒杆菌接种于蛋白胨水培养基中，37 ℃培养 72 h 后，先加入少量乙醚或二甲苯，摇动试管以提取和浓缩吲哚，待其浮于培养液表面后，再沿试管壁缓缓加入柯凡克(Kovacs)试剂数滴，观察并记录结果。接触面呈玫瑰红色者为阳性反应，否则为阴性反应。

(5) 甲基红试验。将猪丹毒杆菌接种于葡萄糖蛋白胨水培养基中，37 ℃培养 72 h，滴加甲基红指示剂 3~4 滴，观察并记录其反应情况。阳性呈鲜红色，弱阳性呈淡红色，不变色者为阴性。

(6) V-P 试验。将猪丹毒杆菌接种于 V-P 培养基中，37 ℃培养 24~72 h，将 5% α-萘酚溶液 2~3 滴加入试管中，摇匀，加入 40%氢氧化钾溶液 2~3 滴，再次摇匀，观察并记录结果。0~15 min 内呈现红色者为阳性，铜色者为阴性。对于阴性结果的样品，在 1 h 后再做一次检查。有些试管在数小时后红色会逐渐消失，此种仍认定为阳性。

(7) H_2S 试验。将猪丹毒杆菌沿管壁穿刺接种于醋酸铅琼脂培养基中，37 ℃培养 24~72 h，观察并记录其反应情况。培养基变黑者为阳性反应，不变黑者为阴性反应。

(8) 硝酸盐还原试验。将试剂的 A 液(磺胺酸冰醋酸溶液)和 B 液(α-萘酚乙醇溶液)各 0.2 mL 等量混合。取混合试剂 0.1 mL 加入液体培养物或琼脂斜面培养物表面，观察并记录结果。0~10 min 内呈现红色者为阳性，若无红色出现，则为阴性。用 α-萘酚乙醇溶液进行试验时，阳性试验的红色消退得很快，故加入后应立即判定结果。开展试验时，必须有未接种的培养管作阴性对照。

(9) 过氧化氢酶试验。在载玻片上滴加新鲜配制的 3% H_2O_2 溶液 1 滴，挑取培养 18~24 h 的菌落，在 H_2O_2 溶液中涂抹，观察并记录结果。若有气泡出现，则为过氧化氢酶试验阳性，无气泡者为阴性。也可将 H_2O_2 溶液直接加到斜面上，观察气泡的产生情况。

(10)明胶穿刺试验。将猪丹毒杆菌菌落以较大量穿刺接种于明胶培养基中，常温条件下培养 4~7 天，观察并记录细菌沿穿刺线的生长情况。

5. 血清培养凝集试验

在 3% 胰蛋白胨肉汤中加入 1：(40~80)的丹毒高免血清，同时每毫升再加入 400 μg 卡那霉素、50 μg 庆大霉素和 25 μg 万古霉素，制成丹毒血清抗生素诊断液，分装于安瓿管，在 4 ℃冰箱内可保存 2 个月。取病猪耳尖血 1 滴或死猪少许病料放入安瓿管内，37 ℃培养 14~24 h，观察并记录结果。凡是管底出现凝集颗粒或团块者即判定为阳性。

6. 动物试验

取病料(心血、脾脏、淋巴结)或纯培养物接种于鸽子、小鼠和豚鼠。先用研钵将病料磨碎，再用无菌生理盐水作 1：10 稀释，制成悬液。鸽子采用胸肌注射，注射量为 0.5 mL；小鼠采用皮下注射，注射量为 0.2 mL；豚鼠采用皮下注射或腹腔注射，注射量为 0.5~1 mL。若为固体培养基上的菌落，则先用无菌生理盐水清洗，制成菌液后再接种。接种后鸽子出现腿翅麻痹、精神委顿、头缩羽乱、停食，14 h 后死亡；小鼠出现精神委顿、弓背、毛乱、停食，3~7 h 后死亡。对死亡的鸽子和小鼠剖检，可见脾脏肿大、肺脏和肝脏充血，肝脏有时可见小点坏死，并可从其脏器中分离出猪丹毒杆菌。豚鼠对猪丹毒杆菌有很强的抵抗力，接种后不出现任何症状。

(二)李氏杆菌

1. 病料采集

取患畜的血液、脑脊液或脑组织研磨液，加入 50 mL 胰蛋白胨肉汤，37 ℃增菌培养 24 h 后，转接至胰蛋白胨琼脂培养基(或加有 5% 的绵羊红细胞)上，再经 37 ℃培养 48 h 后，观察是否有 β 溶血环或蓝绿光泽的菌落。若无此特征菌落，则需再培养，逐日观察，直至第 7 天。严重污染的组织、粪便、青贮饲料、污水等应用增菌培养基进行增菌分离。冷增菌法可用于该菌的检出，具体方法是取具有神经症状的病畜脑组织，加营养肉汤制成 10% 悬液，置于 4 ℃条件下保存，每周接种到血液琼脂平板上 1 次，直至第 12 周。

2. 形态观察

取病料或组织液的离心沉淀物制作涂片，进行革兰氏染色。该菌为革兰氏阳性菌，是两端钝圆、平直或弯曲的小杆菌，大小为(0.4~0.5) μm×(0.5~2.0) μm，没有荚膜和芽孢。李氏杆菌在多数情况下呈粗大棒状，单独存

实验 21　猪丹毒杆菌和李氏杆菌的微生物学检查

在,或呈 V 字形,或形成短链;有一根鞭毛,能运动;老龄培养物有时可脱色,呈革兰氏阴性。

3. 细菌分离培养

操作前,在培养皿外底部上用记号笔做好标记,如菌种、班级、姓名、接种日期等,用接种环将细菌划线接种到培养基上,将培养皿倒置,在 35~37 ℃、10% CO_2 的条件下培养 24 h 以上。该菌的菌落细小、光滑、透明,生长在营养琼脂平板上的菌落于 45°折光观察,呈现特征性的淡蓝色或蓝灰色;生长在血液琼脂平板上的菌落形成狭窄的溶血环,其范围一般不会超过菌落边缘。

如果初次分离较困难,可先将脑脊液和血液病料接种于胰蛋白胨肉汤中,4 ℃下进行冷增菌培养,每周取 0.2 mL 增菌液于正常条件下扩大培养 48 h,再用血液琼脂平板或李氏杆菌专用选择培养基进行分离培养。李氏杆菌在半固体培养基中穿刺培养时,先将接种针灭菌冷却,挑取菌落,然后垂直穿入半固体培养基中心接近试管底部,但注意不可贯穿至管底,然后沿原路退出。37 ℃培养 24 h,李氏杆菌沿穿刺线呈云雾状生长,随后缓慢扩散,在培养基表面下 3~5 mm 处呈伞状。

4. 细菌生化鉴定

(1) 糖发酵试验。取培养后的分离菌,按照说明书接种于微量糖发酵管,37 ℃培养 5 天,观察颜色变化。

(2) V-P 试验。将分离菌接种到葡萄糖蛋白胨水培养基中,37 ℃培养 48 h。在培养物中加入等量的奥梅拉(O'Meara)试剂甲液和乙液,振荡混合,观察结果。结果判定:在 5 min 内发生反应者为阳性;若长时间无反应,则 37 ℃培养 4 h 或室温过夜,颜色仍不变者为阴性。

(3) 甲基红试验。将分离菌接种到葡萄糖蛋白胨水培养基中,37 ℃培养 3 天。取少量的培养液加入另一支小试管中,滴加几滴甲基红指示剂,观察颜色变化。若无颜色变化,可继续培养 4~5 天再进行试验。结果判定:培养液呈现红色者为阳性;呈现黄色者为阴性。

(4) 吲哚(靛基质)试验。将李氏杆菌接种到蛋白胨水培养基中,37 ℃培养 24~48 h(也可延长至 4~5 天)。培养后按下列方法之一检测并判定结果:将 1~2 mL 乙醚(戊醇或二甲苯)加入试管中,摇匀,静置片刻,使乙醚浮到培养基的表面,沿管壁加入柯凡克试剂数滴,乙醚层出现玫瑰红色者为阳性,无色者为阴性;向待检培养物试管中加入柯凡克试剂约 0.5 mL,轻摇试管,红色者为阳性;向待检培养物试管中加入欧立希试剂 0.5~1 mL,使其与培养物重叠,两液面交界处呈红色者为阳性。

(5) 马尿酸钠水解试验。将李氏杆菌接种到马尿酸钠肉汤中,37 ℃培养 3 天,取培养物 0.8 mL,加入 $FeCl_3$ 溶液 0.2 mL,混匀,静置 15 min,根据产生沉淀情况判断结果。

(6)亚甲蓝还原试验。取脱脂奶粉配制亚甲蓝牛乳培养基,接种分离菌,37 ℃培养4天,观察颜色变化情况,再转接于血液琼脂平板上培养24 h,检查有无细菌生长。

5. 药敏试验

必要时,选择敏感药物做药敏试验。药敏试验有助于指导临床合理用药。

6. 血清学鉴定

将琼脂平板上的培养物用2 mL PBS缓冲液(pH 7.2)洗下,水浴煮沸1 h,再取1滴菌悬液与1滴1∶20稀释的阳性血在载玻片上做凝集试验,同时设立阳性对照和阴性对照,观察并记录试验结果。

7. 动物试验

取1滴该菌的24 h肉汤培养物,滴入家兔、小鼠或豚鼠的一侧眼结膜囊内,另一侧作为对照,观察5天,在24~36 h发生明显的化脓性结膜炎者为李氏杆菌阳性,其中家兔的反应较为明显。几天后分泌物减少,结膜炎症和角膜混浊仍存在,特别是角膜炎,可持续数周或数月。也可取该菌的24 h肉汤培养物注射于小鼠腹腔(0.2 mL/只),对于5天内致死的小鼠,在其濒死时进行剖检,肝脏和脾脏产生坏死病灶者为李氏杆菌阳性,并且能从肝脏、脾脏、心血中再次分离得到该菌。

猪丹毒杆菌和李氏杆菌的鉴别要点见表21-1。

表21-1　猪丹毒杆菌和李氏杆菌的鉴别要点

鉴别试验		猪丹毒杆菌	李氏杆菌
运动性(25 ℃)		−	+
明胶穿刺培养		呈试管刷状	沿穿刺线生长
麦芽糖		−	+
甘露醇		−	+
过氧化氢酶		−	+
鼠李糖		−	+
蔗糖		+	−
水杨苷		−	+
甲基红		−	+
H_2S		+	−
动物试验	小鼠	不易感	易感
	鸽子	易感	不易感
	豚鼠	不易感	易感

实验 21　猪丹毒杆菌和李氏杆菌的微生物学检查

> **注意事项**
>
> （1）实验室诊断过程中必须做到无菌操作，最好在生物安全柜内进行操作。
> （2）猪丹毒杆菌和李氏杆菌都可以感染人，因此，操作人员要做好个人防护。实验结束后，所用物品必须进行严格的无害化处理。
> （3）实验过程中要按时观察结果，并做好详细的记录。

五、实验报告

1. 实验结果

（1）绘制猪丹毒杆菌和李氏杆菌在普通光学显微镜下的形态结构。
（2）简述猪丹毒杆菌和李氏杆菌在培养基中的生长特点。
（3）记录猪丹毒杆菌和李氏杆菌的各项生化试验结果。
（4）简述猪丹毒杆菌和李氏杆菌的主要生物学特性。

2. 思考题

（1）试述猪丹毒杆菌与李氏杆菌的微生物学诊断要点。
（2）试述猪丹毒杆菌与李氏杆菌的区别。
（3）总结李氏杆菌对环境抵抗力的特征。

实验 22　饲料中微生物的测定

一、实验目的

(1)掌握饲料中霉菌总数的计数原理和方法。
(2)掌握饲料的选择范围、样品的处理方法及饲料中菌落总数的测定方法。

二、实验原理

霉菌总数(total mold count)是指饲料样品经处理并在一定条件下(如培养基成分、培养温度和时间等)培养后,所得 1 g 饲料中所含霉菌的总数。根据霉菌的生理特性,选择适合霉菌生长而不适合细菌生长的培养基,采用平板计数法,测定霉菌总数。

菌落总数(total plate count)是指饲料样品经过处理,稀释至适当浓度,在一定条件(如用特定的培养基,在温度 30 ℃±1 ℃培养 72 h±3 h 等)下培养后,所得 1 g(mL)饲料中所含菌落的总数。菌落总数主要作为判定饲料被污染程度的标志,也可以应用这一方法观察细菌在饲料中繁殖的动态,以便为饲料样品的卫生学评价提供依据。

沙门菌属是肠杆菌科中的一个大属,已发现有近 2000 个血清型和生化型。它们主要寄生在人和动物的肠道内,可使其发病。沙门菌为革兰氏阴性短杆菌,不产芽孢和荚膜,周生鞭毛,能运动,兼性厌氧。沙门菌具嗜温性,最适生长温度为37 ℃,但在 18~20 ℃时也能生长繁殖,且具有相当强的抗寒性,如在 0 ℃以下的冰雪中能存活 3~4 个月,在自然环境的粪便中可存活 1~2 个月。沙门菌的耐盐性很强,在含盐 10%~15% 的腌鱼、腌肉中能存活 3~4 个月。在高水分活度下生长良好,当水分活度低于 0.94 时,生长受到抑制。抗热性差,在 60 ℃经 20~30 min处理就可被杀死。因此,蒸煮、巴氏消毒、正常家庭烹调、注意个人卫生等均可防止沙门菌污染。沙门菌不产生尿素酶,不能利用丙二酸钠,不液化明胶,在含有氰化钾的培养基上不能生长;能使赖氨酸、精氨酸和鸟氨酸脱羧基,不发酵蔗糖、乳糖和水杨苷等,在三糖铁琼脂、亚硫酸铋琼脂、HE 琼脂、胆硫乳琼脂等选择性培养基上生长,都能产生它们特有的菌落特征。

沙门菌中毒的主要临床表现为急性肠胃炎症状,如呕吐、腹痛和腹泻,腹泻一天可达数次,甚至十多次,还可引起头痛、发热等。沙门菌食品中毒的潜伏期一般为 12~36 h,潜伏期的长短与进食菌的数量和致病力强弱有关。当每克或每毫升食品中含菌量在 2×10^5 个时,致病力强的沙门菌即可导致发病。中毒严重时可引起死亡。

依据《饲料卫生标准》(GB 13078—2017)中饲料卫生指标和试验方法,饲料中微生物污染物的主要指标有霉菌总数、菌落总数和沙门菌三项。饲料原料不同,饲料中霉菌总数的限量值也不同,谷物及其加工产品$<4.0\times10^4$ CFU/g;饼粕类饲料原料(发酵产品除外)$<4.0\times10^3$ CFU/g;乳制品及其加工副产品$<1.0\times10^3$ CFU/g;鱼粉$<1.0\times10^4$ CFU/g;其他动物源性饲料原料$<2.0\times10^4$ CFU/g,试验方法参照《饲料中霉菌总数的测定》(GB/T 13092—2006)。动物源性饲料原料中菌落总数限量值$<2.0\times10^6$ CFU/g,试验方法参照《饲料中细菌总数的测定》(GB/T 13093—2006)。沙门菌(25 g 样品)不得检出,试验方法参照《饲料中沙门氏菌的测定》(GB/T 13091—2018)。

三、实验器材

(1)饲料:谷物类饲料原料、饼粕类饲料原料、乳制品及其加工副产品、鱼粉等各 50 g。

(2)培养基:高盐察氏琼脂培养基、缓冲蛋白胨水(buffered peptone water,BPW)、亚硒酸盐胱氨酸(selenite cystine,SC)增菌液、亚硫酸铋(bismuth sulfite,BS)琼脂、HE(Hektoen enteric)琼脂、胆硫乳(deoxycholate hydrogen sulfide lactose,DHL)琼脂、沙门菌属显色培养基、三糖铁(triple sugar iron,TSI)琼脂、蛋白胨水、吲哚试剂、尿素琼脂(pH 7.2)、氰化钾(KCN)培养基、赖氨酸脱羧酶试验培养基、糖发酵管、邻硝基酚 β-D-半乳糖苷(ortho-nitrophenyl-β-D-galactopyranoside,ONPG)培养基、半固体琼脂、营养琼脂(nutrient agar,NA)、丙二酸钠培养基等。

(3)试剂:无菌生理盐水,沙门菌 O、H 和 Vi 诊断血清,生化鉴定试剂盒等。

(4)仪器和其他用品:冰箱、振荡器、恒温培养箱、电子天平、无菌锥形瓶(500 mL、250 mL)、无菌试管(15 mm×150 mm、10 mm×75 mm)、无菌吸管(1.0 mL、10.0 mL)或微量移液器及吸头、无菌培养皿(直径 60 mm、90 mm)、均质器、试管架、玻璃珠、火柴、记号笔、水浴锅、接种环、载玻片、灭菌器、生物安全柜、酒精灯、放大镜等。

四、操作步骤

(一)霉菌总数测定

1. 样品采集

样品的采集应遵循随机性、代表性的原则。采样过程应执行无菌操作程序，防止一切可能的外来污染。独立包装不大于 500 g 的固态产品或不大于 500 mL 的液态产品，取完整包装；独立包装大于 500 mL 的液态产品，采样前摇动液体或用无菌棒搅拌液体，使其成分均匀后采集适量样品，放入无菌采样容器内作为 1 件样品；独立包装大于 500 g 的固态产品，应用无菌采样器从同一包装的不同部位分别采取适量样品，放入同一个无菌采样容器内作为 1 件样品。采样量一般不少于 500 g(mL)。

2. 样品处理和稀释

按无菌操作称取饲料样品 25 g(mL)，放入含有 225 mL 无菌生理盐水和玻璃珠的锥形瓶中，置于振荡器上振摇 30 min，即得 1∶10 的稀释液，如图 22-1 所示。

用无菌吸管吸取 1 mL 1∶10 稀释液，注入含有 9 mL 无菌生理盐水的试管中，另换一支吸管吹吸 5 次，此液为 1∶100 稀释液。按上述操作方法作 10 倍递增稀释，每稀释一次，换用一支 1 mL 无菌吸管。

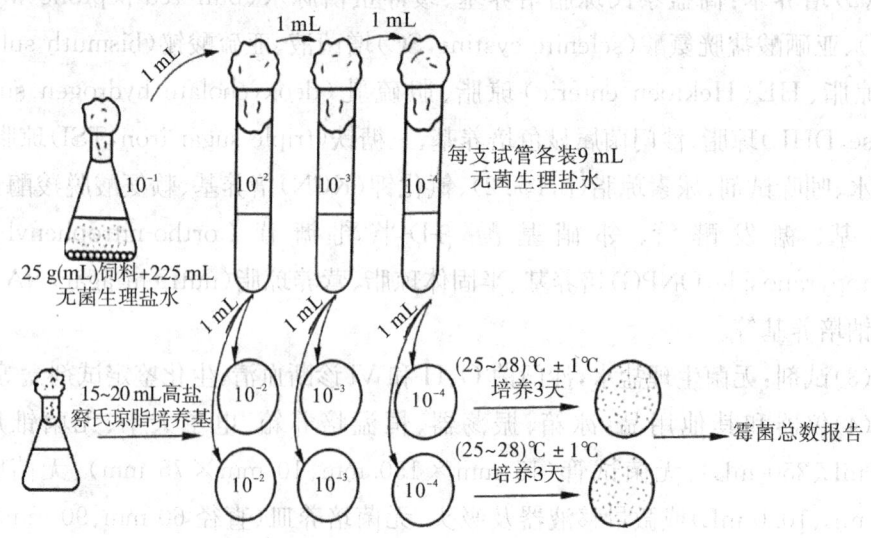

图 22-1 饲料中霉菌分离与计数

3. 混合平板制备

根据对样品污染情况的估计，选择 3 个合适的稀释度，分别在作 10 倍稀释的同时,吸取 1 mL 稀释液加入无菌培养皿中,每个稀释度准备 2 个培养皿,然后将冷却至 45 ℃ 左右的高盐察氏琼脂培养基注入培养皿中,每皿注入约 15 mL,小心转动培养皿,使试样与培养基充分混匀。

4. 培养

待琼脂凝固后,倒置于(25～28)℃±1 ℃恒温培养箱中,培养 3 天后开始观察,观察至第 7 天。

5. 稀释度选择和霉菌总数报告方式

(1)通常选择霉菌数在 10～100 之间的培养皿进行计数,同一稀释度的 2 个培养皿的平均霉菌数乘以稀释倍数,即每克(毫升)饲料中所含霉菌总数。

(2)稀释度选择和霉菌总数报告方式见表 22-1。

表 22-1 稀释度选择和霉菌总数报告方式

实例	不同稀释度的平均霉菌数			稀释度选择	两个稀释度霉菌数之比	霉菌总数 [CFU/g(mL)]	报告方式 [CFU/g(mL)]
	10^{-1}	10^{-2}	10^{-3}				
1	多不可计	80	8	选 10～100 之间的数	—	8000	8.0×10^3
2	多不可计	87	12	均在 10～100 之间,比值≤2,取平均数	1.4	10350	1.0×10^4
3	多不可计	95	20	均在 10～100 之间,比值>2,取较小数	2.1	9500	9.5×10^3
4	多不可计	多不可计	110	均>100,取稀释度最高的数	—	110000	1.1×10^5
5	9	2	0	均<10,取稀释度最低的数	—	90	90
6	0	0	0	均无菌落生长,则用<1乘以最低稀释度	—	$<1 \times 10$	<10
7	多不可计	102	3	均不在 10～100 之间,取最接近 10 或 100 的数	—	10200	1.0×10^4

注:CFU/g(mL)与个/g(mL)相当。

(二)菌落总数测定

1. 样品处理和稀释

按无菌操作称取试样 25 g(mL),加入含 225 mL 无菌生理盐水的锥形瓶中(瓶内预置适当数量的玻璃珠),置于振荡器上振荡 30 min。经充分振荡后,制成

1∶10 的稀释液。

用 1 mL 无菌吸管吸取 1∶10 稀释液 1 mL,沿管壁注入含有 9 mL 生理盐水的试管中(注意:吸管尖端不要触及管内生理盐水),振摇试管,制成 1∶100 的稀释液。

另取一支 1 mL 无菌吸管,按上述操作方法作 10 倍递增稀释,如此递增稀释一次即更换一支无菌吸管。

2. 混合平板制备

根据饲料卫生标准要求和对试样污染程度的估计,选择 2~3 个适宜稀释度,分别在作 10 倍递增稀释的同时,用吸取该稀释度液体的吸管将 1 mL 稀释液移入无菌培养皿内,每个稀释度准备 2 个培养皿。

稀释液被移入培养皿后,应及时将冷却至 46 ℃±1 ℃的培养基注入培养皿中,每皿注入约 15 mL,小心转动培养皿,使试样与培养基充分混匀。从稀释试样到倾注培养基之间的时间不能超过 30 min。

若估计试样中所含微生物可能在培养基表面生长,则待培养基完全凝固后,在培养基表面倾注冷却至 46 ℃±1 ℃的水琼脂培养基 4 mL。

3. 培养

待琼脂凝固后,将平板倒置于 30 ℃±1 ℃恒温培养箱内,培养 72 h±3 h 后取出,计算平板内菌落总数。

4. 菌落总数计算方法

在对平板菌落计数时,可用肉眼观察,若菌落形态小,可借助于放大镜进行检查,以防遗漏。在计算出各平板菌落总数后,求出同稀释度的两个平板菌落总数的平均值。

5. 菌落总数的报告

选择菌落数在 30~300 之间的平板作为菌落总数测定标准。每一稀释度使用两个平板菌落的平均数,两个平板中的一个平板有较大片状菌落生长时,则不宜采用,而应以无片状菌落生长的平板菌落数作为该稀释度的菌落总数;若片状菌落不到平板的一半,而另一半菌落的分布又很均匀,则可计算半个平板的菌落数后乘以 2,以代表全平板菌落总数。

(1)选择平均菌落数在 30~300 之间的进行计算,若只有一个稀释度的平均菌落数在此范围内,则将该菌落数乘以稀释倍数进行报告(见表 22-2 中实例 1)。

(2)若有两个稀释度的平均菌落数均在 30~300 之间,则视二者的比值来决定:若比值小于 2,则报告二者的平均数(见表 22-2 中实例 2);若比值大于或等于 2,则报告其中较小的数值(见表 22-2 中实例 3)。

(3)若所有稀释度的平均菌落数均大于300,则按稀释度最高的平均菌落数乘以稀释倍数进行报告(见表22-2中实例4)。

(4)若所有稀释度的平均菌落数均小于30,则按稀释度最低的平均菌落数乘以稀释倍数进行报告(见表22-2中实例5)。

(5)若所有稀释度的平板上均无菌落生长,则以小于1乘以最低的稀释倍数进行报告(见表22-2中实例6)。

(6)若所有稀释度的平均菌落数都不在30~300之间,则应以最接近30或300的平均菌落数乘以稀释倍数进行报告(见表22-2中实例7)。

(7)菌落计数的报告:菌落数在100以内时,按其实有数报告;菌落数大于100时,采用两位有效数字,两位有效数字后面的数值按四舍五入法进行处理;为了减少后面零的个数,也可以用10的指数来表达(见表22-2中"报告方式"列)。

表22-2 稀释度选择和菌落总数报告方式

实例	不同稀释度的平均菌落数			两个稀释度菌落数之比	菌落总数 [CFU/g(mL)]	报告方式 [CFU/g(mL)]
	10^{-1}	10^{-2}	10^{-3}			
1	多不可计	164	20	—	16400	16000 或 1.6×10^4
2	多不可计	295	46	1.6	37750	38000 或 3.8×10^4
3	多不可计	271	60	2.2	27100	27000 或 2.7×10^4
4	多不可计	多不可计	313	—	313000	310000 或 3.1×10^5
5	27	11	5	—	270	270 或 2.7×10^2
6	0	0	0	—	$<1\times10$	<10
7	多不可计	305	12	—	30500	31000 或 3.1×10^4

(三)沙门菌测定

沙门菌检验程序如图22-2所示。

1. 样品采集

同霉菌总数测定中的采样方法。

2. 前增菌(预增菌)

按无菌操作取25 g(mL)样品,置于盛有225 mL缓冲蛋白胨水的无菌均质杯或合适容器内,以8000~10000 r/min均质2~3 min,或置于盛有225 mL缓冲蛋白胨水的无菌均质袋中,用拍击式均质器拍打1~2 min。若样品为液态,则不需要均质,只需振荡混匀。如需调整pH,则用1 mol/L无菌NaOH溶液或HCl溶液调节pH至6.8±0.2。按无菌操作将样品转移至500 mL锥形瓶或其他合适容器内(如均质杯本身具有无孔盖,可不转移样品),如使用均质袋,可直接进行培养,于 36 ℃±1 ℃培养 18 h±2 h。如为冷冻产品,应在 45 ℃以下不超过 15 min 或 2~5 ℃不超过 18 h 解冻。

3. 选择性增菌

轻轻摇动前增菌培养物,取 1 mL 培养物转种于 10 mL 四硫磺酸钠煌绿(tetrathionate broth,TTB)增菌液内,于 42 ℃±1 ℃培养 18~24 h。同时,另取 1 mL 培养物转种于 10 mL 亚硒酸盐胱氨酸增菌液内,于 36 ℃±1 ℃培养 18~24 h。

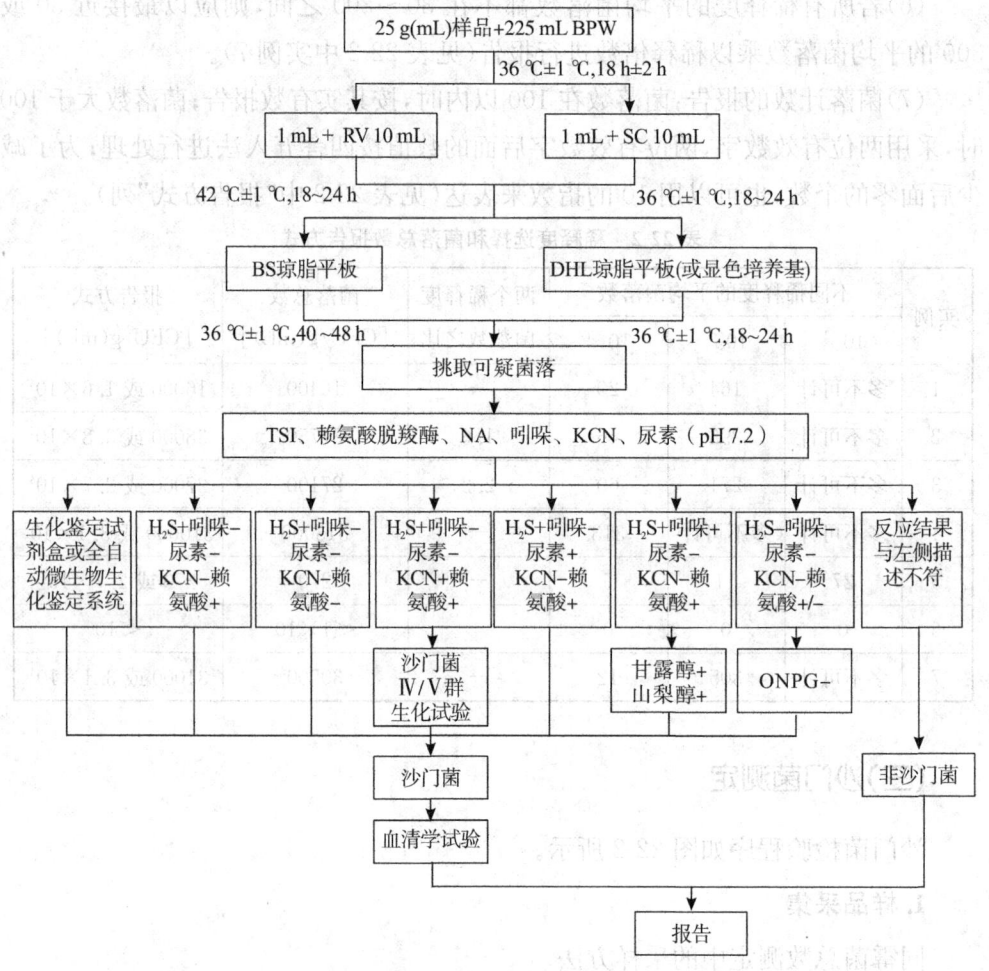

图 22-2 沙门菌检验程序

注:"RV"表示沙门菌增菌液体培养基。

4. 分离

用接种环取选择性增菌液,分别划线接种于一个 BS 琼脂平板和一个 DHL 琼脂平板(或 HE 琼脂平板,或沙门菌属显色培养基平板)上,于 36 ℃±1 ℃分别培养 40~48 h(BS 琼脂平板)和 18~24 h(DHL 琼脂平板、HE 琼脂平板、沙门菌属显色培养基平板),观察各个平板上生长的菌落,各个平板上的菌落特征见表 22-3。

表 22-3　沙门菌属在不同选择性琼脂平板上的菌落特征

选择性琼脂平板	沙门菌属
BS 琼脂	菌落为黑色,有金属光泽,棕褐色或灰色,菌落周围培养基可呈黑色或棕色;有些菌株形成灰绿色的菌落,周围培养基不变
DHL 琼脂	菌落为无色半透明或粉红色,菌落中心褐色或几乎全黑
沙门菌属显色培养基	按照显色培养基的说明进行判定

5. 生化试验

(1)从选择性琼脂平板上分别挑取 2 个以上典型或可疑菌落,接种到三糖铁琼脂平板上,先在斜面划线,再于底层穿刺;接种针不要灭菌,直接接种到赖氨酸脱羧酶试验培养基和营养琼脂平板上,于 36 ℃±1 ℃ 培养 18~24 h,必要时可延长至 48 h。在三糖铁琼脂和赖氨酸脱羧酶试验培养基内,沙门菌属的反应结果见表 22-4 和表 22-5。

表 22-4　三糖铁琼脂特征变化表

培养基部位	培养基变化	说明
斜面和底部	黄色	乳糖、蔗糖阳性
	红色或不变色	乳糖、蔗糖阴性
底部	底端黄色	葡萄糖阳性
	红色或不变色	葡萄糖阴性
	穿刺黑色	形成硫化氢
	气泡或裂缝	葡萄糖产气

表 22-5　沙门菌属在三糖铁琼脂和赖氨酸脱羧酶试验培养基内的反应结果

三糖铁琼脂				赖氨酸脱羧酶试验培养基	初步判断
斜面	底层	产气	硫化氢		
K	A	+(−)	+(−)	+	可疑沙门菌属
K	A	+(−)	+(−)	−	可疑沙门菌属
A	A	+(−)	+(−)	+	可疑沙门菌属
A	A	+/−	−	−	非沙门菌
K	K	+/−	+/−	+/−	非沙门菌

注:"K"表示产碱;"A"表示产酸;"+"表示阳性;"−"表示阴性;"+(−)"表示多数阳性,少数阴性;"+/−"表示阳性或阴性。

(2)在接种到三糖铁琼脂和赖氨酸脱羧酶试验培养基上的同时,可直接接种到蛋白胨水培养基(用于做吲哚试验)、尿素琼脂培养基(pH 7.2)、氰化钾培养基中,也可在初步判断结果后从营养琼脂平板上挑取可疑菌落进行接种。于 36 ℃ ±1 ℃培养 18～24 h,必要时可延长至 48 h,按表 22-6 判定结果。将已挑菌落的平板储存于 2～5 ℃或室温至少保留 24 h,以备必要时复查。

表 22-6 沙门菌属生化反应初步鉴别表(一)

反应序号	硫化氢	吲哚	pH 7.2 尿素	氰化钾	赖氨酸脱羧酶
A_1	+	−	−	−	+
A_2	+	+	−	−	+
A_3	−	−	−	−	+/−

注:"+"表示阳性;"−"表示阴性;"+/−"表示阳性或阴性。

①反应序号 A_1:为典型反应,判定为沙门菌属。若尿素、氰化钾和赖氨酸脱羧酶三项中有一项异常,则按表 22-7 可判定为沙门菌。若有两项异常,则为非沙门菌。

表 22-7 沙门菌属生化反应初步鉴别表(二)

pH 7.2 尿素	氰化钾	赖氨酸脱羧酶	判定结果
−	−	−	甲型副伤寒沙门菌(结合血清学鉴定结果)
−	+	+	沙门菌Ⅳ型或Ⅴ型(要求符合本群生化特性)
+	−	+	沙门菌个别变体(结合血清学鉴定结果)

注:"+"表示阳性;"−"表示阴性。

②反应序号 A_2:补做甘露醇和山梨醇试验,沙门菌吲哚阳性变体的两项试验结果均为阳性,但需要结合血清学鉴定结果进行判定。

③反应序号 A_3:补做 ONPG 试验。ONPG 试验阴性为沙门菌,同时赖氨酸脱羧酶试验为阳性,甲型副伤寒沙门菌的赖氨酸脱羧酶试验为阴性。

必要时按表 22-8 进行沙门菌生化群的鉴别。

表 22-8 沙门菌属各生化群的鉴别

项目	Ⅰ	Ⅱ	Ⅲ	Ⅳ	Ⅴ	Ⅵ
卫矛醇	+	+	−	−	+	−
山梨醇	+	+	+	+	−	+
水杨苷	−	−	−	+	−	−
ONPG	−	−	+	−	+	−
丙二酸盐	−	+	+	−	−	−
氰化钾	−	−	−	+	+	−

注:"+"表示阳性;"−"表示阴性。

6. 血清学鉴定

(1)检查培养物有无自凝性。采用1.2%~1.5%琼脂培养物作为载玻片凝集试验用的抗原。在洁净的载玻片上滴加1滴生理盐水,将待试培养物混合于生理盐水内,使其成为均一性的混浊悬液,将载玻片轻轻摇动30~60 s,在黑色背景下观察反应(必要时用放大镜观察),若出现可见的菌体凝集,即认为有自凝性,反之无自凝性。对无自凝性的培养物参照下面方法进行血清学鉴定。

(2)O抗原的鉴定。在载玻片上划出2个约1 cm×2 cm的区域,挑取1环待测菌,各放1/2环于载玻片上的每一区域上部,在其中一个区域下部加1滴多价菌体O血清,在另一区域下部加1滴生理盐水,作为对照。再用无菌接种环或接种针分别将两个区域内的菌落研成乳状液。将载玻片倾斜摇动混合1 min,并对着暗背景进行观察,任何程度的凝集现象皆为阳性反应。O血清不凝集时,将菌株接种在琼脂含量较高(2%~3%)的细菌培养基上再检查;如果因Vi抗原的存在而阻止了O凝集反应,可挑取待测菌放入1 mL生理盐水中做成浓菌液,在酒精灯火焰上煮沸后再检查。

(3)H抗原的鉴定。操作方法同步骤(2)。H抗原发育不良时,将菌株接种在0.55%~0.65%半固体琼脂平板的中央,待菌落蔓延生长时,在其边缘部分取菌检查;或将菌株接种于装有0.3%~0.4%半固体琼脂的小玻璃管1~2次,自远端取菌培养后再检查。

(4)Vi抗原的鉴定。操作方法同步骤(2)。用Vi因子血清进行检查。已知具有Vi抗原的菌型有伤寒沙门菌、丙型副伤寒沙门菌和都柏林沙门菌。

五、实验报告

(1)写出样品的稀释方法、样品与培养基的混合和培养过程,以及稀释度的选择与菌落总数报告方式,填写表22-9;记录分离到的细菌菌落总数,并结合饲料卫生标准判断样品是否为合格的样品。

表22-9 菌落总数结果记录和报告

稀释度	10^{-1}			10^{-2}			10^{-3}		
平板编号	1	2	平均	1	2	平均	1	2	平均
菌落总数(CFU/g)									
报告方式(CFU/g)									

(2)将培养后的霉菌总数填入表22-10中,结合饲料卫生标准判断样品是否合格。

表 22-10　霉菌总数结果记录和报告

稀释度	10^{-1}			10^{-2}			10^{-3}		
平板编号	1	2	平均	1	2	平均	1	2	平均
霉菌总数(CFU/g)									
报告方式(CFU/g)									

(3)综合沙门菌检测结果,判断 25 g(mL)样品中是否检出沙门菌。

实验 23　鲜乳及乳制品的微生物学检验

一、实验目的

(1)掌握鲜乳及乳制品中菌落总数的测定方法和报告方式。
(2)掌握鲜乳及乳制品中大肠菌群最可能数(most probable number, MPN)的测定方法。
(3)了解鲜乳及乳制品中大肠菌群的定义及其在食品中的卫生学意义。

二、基本原理

鲜乳及乳制品富含营养,较易被消化吸收,是很好的食品,同时,也易受到微生物的污染并且大量滋生微生物,使原有的营养成分遭到破坏,甚至产生有毒有害的物质,因此,鲜乳及乳制品的微生物学检验有着重要的意义。鲜乳及乳制品的微生物学检验包括菌落总数测定、大肠菌群最可能数测定和病原菌的检验。菌落总数反映鲜乳及乳制品被微生物污染的程度,大肠菌群最可能数说明鲜乳及乳制品可能被肠道菌污染的情况,鲜乳及乳制品中不允许检出病原菌。

菌落总数是指鲜乳或乳制品检样经过处理,在一定条件下(如培养基、培养温度和培养时间等)培养后所得的每克(毫升)检样中形成的微生物菌落总数。

菌落总数用来判定食品被细菌污染的程度及卫生质量,它反映食品在生产过程中是否符合卫生要求,以便对被检样作出适当的卫生学评价。菌落总数的多少在一定程度上反映食品卫生质量的优劣。目前,与食品中菌落总数的测定相关的标准有《食品安全国家标准 食品微生物学检验 菌落总数测定》(GB 4789.2—2022)、《进出口食品中菌落总数计数方法》(SN/T 0168—2015)、《出口饮料中菌落总数、大肠菌群、粪大肠菌群、大肠杆菌计数方法 疏水栅格滤膜法》(SN/T 1607—2017)、《出口食品平板菌落计数 滤膜法》(SN/T 3466—2013)、《食品和动物饲料微生物学 30 ℃菌落计数方法》(SN/T 1800—2006)、《食品和化妆品中的菌落计数检测方法 螺旋平板法》(SN/T 2098—2008)等,其中,最有代表性的就是《食品安全国家标准 食品微生物学检验 菌落总数测定》(GB 4789.2—2022)。

菌落总数的测定(平板活菌计数法)是指测定微生物在固体培养基上所形成

的菌落总数。测定时，首先将待测样品制成一系列不同稀释度的均匀稀释液，并尽量使样品中的微生物细胞分散，使之处于单个细胞状态(否则1个菌落就不能代表1个细菌)；再取一定稀释倍数的一定量稀释液接种到培养基上，使其均匀分布。菌落由单个细胞生长繁殖而成，因此，通过统计菌落的数目，可计算出样品中的含菌数。

由于所计算出的菌落数是培养基上长出来的菌落数，不包括死菌，因此，菌落总数的测定又称为活菌计数。大肠菌群是一群在一定培养条件下能发酵乳糖、产酸产气的需氧和兼性厌氧的革兰氏阴性无芽孢杆菌。这类细菌主要来源于人畜粪便，故可以此作为粪便污染指标来评价鲜乳及乳制品等动物性食品的卫生质量，推断食品中是否污染了肠道致病菌。

食品中大肠菌群数是以每克(毫升)检样中大肠菌群最可能数表示的。

三、实验器材

(1) 实验样品：鲜奶、奶粉等。

(2) 培养基：营养琼脂、月桂基硫酸盐胰蛋白胨(lauryl sulfate tryptone，LST)肉汤、煌绿乳糖胆盐肉汤(brilliant green lactose bile broth，BGLB)等。

(3) 试剂：消毒剂、无菌生理盐水或磷酸盐缓冲液、革兰氏染液等。

(4) 仪器和其他用品：无菌采样瓶(广口瓶、锥形瓶等)、振荡器(往复式)、无菌搅拌器、无菌吸管(1 mL、10 mL)、无菌试管、无菌培养皿(直径90 mm)、试管架、酒精灯、火柴、记号笔、水浴锅、离心机、注射器、恒温培养箱、放大镜、接种环、载玻片、光学显微镜、灭菌器、生物安全柜等。

四、操作步骤

(一)样品采集

(1) 采样时要遵守无菌操作规程。

(2) 瓶装鲜乳采取整瓶作样品，桶装鲜乳先用无菌搅拌器搅拌均匀，然后用无菌勺子采取样品。

(3) 检验一般细菌时，采取样品100 mL；检验致病菌时，采样200～300 mL，倒入无菌广口瓶后立即盖上瓶塞，并迅速冷却至6 ℃以下。

应在采样后4 h内送检。样品中不得添加防腐剂。

(二)鲜乳菌落总数的测定[①]

菌落总数的检验程序如图23-1所示。

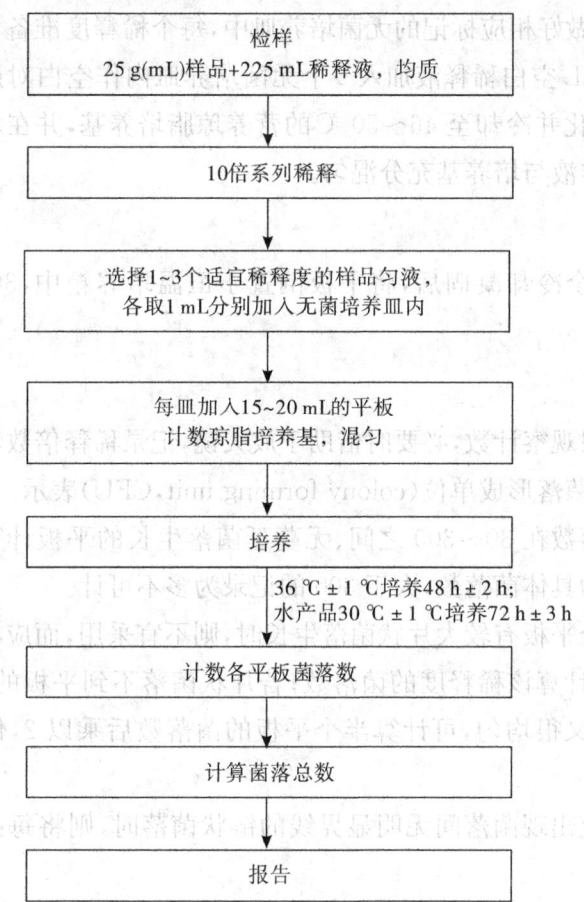

图23-1 菌落总数的检验程序

1. 取样和试样制备

按无菌操作取奶样 25 mL,放入盛有 225 mL 无菌生理盐水的锥形瓶中,在振荡器上充分振摇,即得 1∶10 稀释液。

试样稀释:取上述 1∶10 稀释液 1 mL,缓慢注入盛有 9 mL 无菌生理盐水的试管中(注意:吸管尖端不要触及液面和管壁),另换一支吸管吹吸 5 次,便得 1∶100 稀释液。按此法作 10 倍递增稀释,每稀释一次,更换一支 1 mL 无菌吸管。全部稀释过程不得超过 15 min。根据对样品污染情况的估计,选择 3 个合适的连续稀释度。

[①] 参照 GB 4789.2—2022 和 GB 4789.18—2024。

2. 倾注培养皿

选择3个稀释度的稀释液,分别用1 mL无菌吸管吸取各稀释度样液1 mL,分别注入3个已做好相应标记的无菌培养皿中,每个稀释度准备2个培养皿。同时,分别吸取1 mL空白稀释液加入2个无菌培养皿内作空白对照。然后给每个培养皿中注入融化并冷却至46~50 ℃的营养琼脂培养基,并在水平台面上轻轻旋转培养皿,使样液与培养基充分混匀。

3. 培养

待培养基完全冷却凝固后,将平板倒置于恒温培养箱中,36 ℃±1 ℃培养48 h±2 h。

4. 菌落计数

(1)可用肉眼观察计数,必要时借助于放大镜,记录稀释倍数和相应的菌落数量。菌落计数以菌落形成单位(colony forming unit,CFU)表示。

(2)选取菌落数在30~300之间、无蔓延菌落生长的平板计算菌落总数。低于30的可记录为具体菌落数,大于300的记录为多不可计。

(3)其中一个平板有较大片状菌落生长时,则不宜采用,而应以无较大片状菌落生长的平板去计算该稀释度的菌落数;若片状菌落不到平板的一半,而其余一半中菌落的分布又很均匀,可计算半个平板的菌落数后乘以2,代表一个平板的菌落数。

(4)当平板上出现菌落间无明显界线的链状菌落时,则将每条单链作为一个菌落计数。

5. 结果报告

(1)若只有一个稀释度的平板上菌落数在适宜计数范围内,则计算两个平板菌落数的平均值,再将平均值乘以相应稀释倍数,作为每克(毫升)样品中菌落总数结果(见表23-1中实例1)。

(2)若有两个连续稀释度的平板菌落数在适宜计数范围内,则按下列公式计算(见表23-1中实例2)。

$$N = \sum C / [(n_1 + 0.1 n_2) d]$$

式中:N为样品中菌落数;$\sum C$为平板(含适宜范围菌落数的平板)菌落数之和;n_1为第一稀释度(低稀释倍数)平板个数;n_2为第二稀释度(高稀释倍数)平板个数;d为稀释因子(第一稀释度)。

(3)若所有稀释度的平板上菌落数均大于300,则对稀释度最高的平板进行计数,其他平板可记录为多不可计,结果按平均菌落数乘以最高稀释倍数计算(见

表 23-1 中实例 3)。

(4)若所有稀释度的平板菌落数均小于 30,则按稀释度最低的平均菌落数乘以稀释倍数计算(见表 23-1 中实例 4)。

(5)若所有稀释度(包括液体样品原液)的平板均无菌落生长,则以小于 1 乘以最低稀释倍数计算(见表 23-1 中实例 5)。

(6)若所有稀释度的平板菌落数均不在 30~300 之间,其中一部分小于 30 或大于 300,则以最接近 30 或 300 的平均菌落数乘以稀释倍数计算(见表 23-1 中实例 6)。

表 23-1 稀释度选择和菌落总数报告方式

实例	不同稀释度的平均菌落数			计算结果	报告方式(CFU/mL)
	10^{-1}	10^{-2}	10^{-3}		
1	多不可计,多不可计	124,138	11,14	13100	13000 或 1.3×10^4
2	多不可计,多不可计	232,244	33,35	24727	25000 或 2.5×10^4
3	多不可计,多不可计	多不可计,多不可计	442,420	431000	430000 或 4.3×10^5
4	14,15	1,0	0,0	145	150 或 1.5×10^2
5	0,0	0,0	0,0	<10	<10
6	312,306	14,19	2,4	3090	3100 或 3.1×10^3

(三)大肠菌群最可能数计数[①]

大肠菌群最可能数计数的检验程序如图 23-2 所示。

1. 样品稀释

(1)固体和半固体样品。称取 25 g 样品,放入盛有 225 mL 无菌磷酸盐缓冲液或生理盐水的均质杯中,8000 r/min 均质 1~2 min,或用均质袋,使用拍击式均质器拍打 1~2 min,制成 1∶10 稀释液。

(2)液体样品。用无菌吸管吸取 25 mL 样品,注入盛有 225 mL 无菌磷酸盐缓冲液或生理盐水的锥形瓶中,充分混匀,制成 1∶10 稀释液。

样品稀释液的 pH 应在 6.5~7.5 之间,必要时可用 1 mol/L NaOH 溶液或 1 mol/L HCl 溶液调节 pH。

稀释和取样方法同"鲜乳菌落总数的测定"中相关内容。

2. 初发酵试验

根据对样品污染情况的估计,每个样品选择 3 个适宜的连续稀释度。每个稀

[①] 参照 GB 4789.3—2016 和 GB 4789.18—2024。

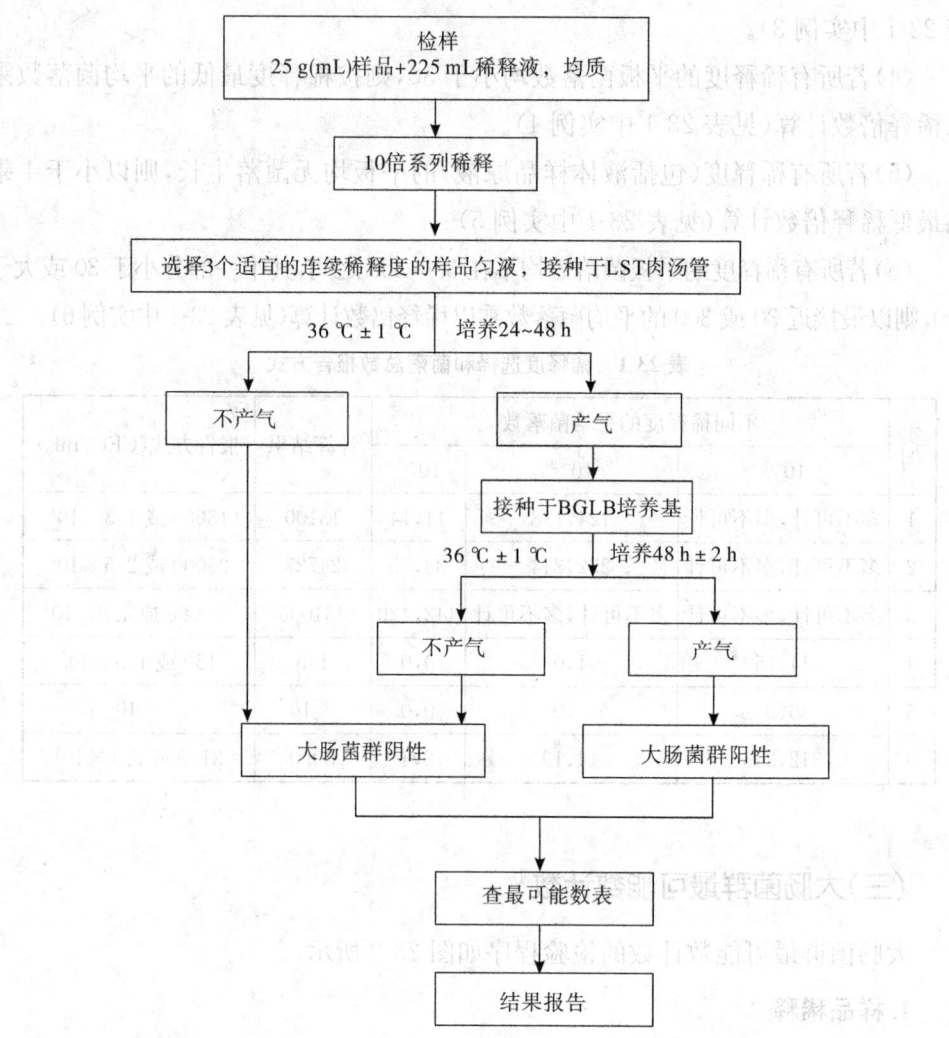

图 23-2 大肠菌群最可能数计数的检验程序

释度分别接种到装有 10 mL 月桂基硫酸盐胰蛋白胨(LST)肉汤的 3 个试管(放有玻璃小倒管,观察产气情况)中,每管接种 1 mL,接种好后作相应标记。36 ℃±1 ℃培养 24 h±2 h,观察小倒管内是否有气泡产生;若未产气,则继续培养至 48 h±2 h。记录在 24 h 和 48 h 内产气的 LST 肉汤管。未产气者为大肠菌群阴性,产气者则进行复发酵试验。

3. 复发酵试验

用接种环从所有 48 h±2 h 内发酵产气的 LST 肉汤管中分别取 1 环培养物,接种于煌绿乳糖胆盐肉汤(BGLB)管中,并作相应标记。36 ℃±1 ℃培养 48 h±2 h,观察产气情况。产气者记为大肠菌群阳性。

4. 大肠菌群最可能数报告

根据大肠菌群阳性管数,检索大肠菌群最可能数检索表(表 23-2),报告每克

(毫升)样品中大肠菌群的最可能数值。

表 23-2 大肠菌群最可能数检索表

各稀释度阳性管数			最可能数	95%可信限		各稀释度阳性管数			最可能数	95%可信限	
0.10	0.01	0.001		下限	上限	0.10	0.01	0.001		下限	上限
0	0	0	<3.0	—	9.5	2	2	0	21	4.5	42
0	0	1	3.0	0.15	9.6	2	2	1	28	8.7	94
0	1	0	3.0	0.15	11	2	2	2	35	8.7	94
0	1	1	6.1	1.2	18	2	3	0	29	8.7	94
0	2	0	6.2	1.2	18	2	3	1	36	8.7	94
0	3	0	9.4	3.6	38	3	0	0	23	4.6	94
1	0	0	3.6	0.17	18	3	0	1	38	8.7	110
1	0	1	7.2	1.3	18	3	0	2	64	17	180
1	0	2	11	3.6	38	3	1	0	43	9	180
1	1	0	7.4	1.3	20	3	1	1	75	17	200
1	1	1	11	3.6	38	3	1	2	120	37	420
1	2	0	11	3.6	42	3	1	3	160	40	420
1	2	1	15	4.5	42	3	2	0	93	18	420
1	3	0	16	4.5	42	3	2	1	150	37	420
2	0	0	9.2	1.4	38	3	2	2	210	40	430
2	0	1	14	3.6	42	3	2	3	290	90	1000
2	0	2	20	4.5	42	3	3	0	240	42	1000
2	1	0	15	3.7	42	3	3	1	460	90	2000
2	1	1	20	4.5	42	3	3	2	1100	180	4100
2	1	2	27	8.7	94	3	3	3	>1100	420	—

注:①本表采用 3 个稀释度[0.1 g(mL)、0.01 g(mL)、0.001 g(mL)],每个稀释度接种 3 管。②表内所列检样量如改用 1 g(mL)、0.1 g(mL)和 0.01 g(mL),表内数字应相应降至原来的 1/10;如改用 0.01 g(mL)、0.001 g(mL)和 0.0001 g(mL),则表内数字应相应乘以 10,其余类推。

五、实验报告

(1)鲜乳及乳制品的微生物学检验的内容有哪些?
(2)简述鲜乳中菌落总数测定的程序。
(3)简述鲜乳中大肠菌群最可能数测定的程序。

实验 24　动物饮用水的微生物学检验

一、实验目的

(1) 了解水中菌落总数和总大肠菌群的测定原理和意义。
(2) 掌握平板计数法测定水中菌落总数的方法。
(3) 掌握水中总大肠菌群的检测方法。

二、基本原理

自然界中，无论是土壤、水体、空气、堆肥、垃圾、腐败的有机物，还是人和动物的体表和体内等，都存在着种类不同、数量不等的微生物，甚至在其他生物无法生存的极端环境中也存在着微生物。

水源的检查和管理在卫生学上十分重要。检查水中微生物的含量和病原微生物的存在，对人及动物健康有很重要的意义。水中含菌数太多表明水中有机物太多，水源污浊，不符合卫生标准。水中检出病原微生物则表明水源不安全，不能饮用。为了保障人和动物的健康，对供水水源应经常进行水的微生物学检查，但直接从水中检查病原微生物来证明水源安全与否是比较困难的，因为病原微生物在水中的存活时间不长，且数量少，不容易直接分离培养。因此，在进行水的微生物学检验时，往往采用间接方法，即检查水中的菌落总数和总大肠菌群最可能数。水中的菌落总数是指水样在营养琼脂培养基中、有氧条件下 37 ℃ 培养 48 h 后，所得 1 mL 水样的菌落总数。

总大肠菌群是指一群在 37 ℃ 培养 24 h 能发酵乳糖、产酸产气、兼性厌氧的革兰氏阴性无芽孢杆菌。大肠菌群一般包括大肠埃希菌、产气杆菌、枸橼酸杆菌和副大肠杆菌。本实验中的发酵试验采用含有乳糖的培养基，故测定结果不包括副大肠杆菌。

水中的总大肠菌群最可能数是用 100 mL 水中所含总大肠菌群的最可能数来表示的。

我国现行《生活饮用水卫生标准》(GB 5749—2022) 中规定的微生物指标为：1 mL 水中菌落总数不得超过 100 CFU；100 mL 水中大肠菌群不应检出。本实验内容方法参照《生活饮用水标准检验方法 第 12 部分:微生物指标》(GB/T 5750.12—2023)。

三、实验器材

(1) 培养基:营养琼脂、乳糖蛋白胨培养液、双倍乳糖蛋白胨培养液、伊红美蓝乳糖培养基等。

(2) 试剂:无菌生理盐水、革兰氏染液等。

(3) 仪器和其他用品:高压蒸汽灭菌器、干热灭菌箱、水热恒温培养箱、电炉、天平、冰箱、显微镜、无菌培养皿(直径 90 mm)、无菌试管、无菌吸管、锥形瓶、采样瓶、酒精灯、镊子、试管架、载玻片、放大镜、pH 计或精密 pH 试纸、火柴等。

四、操作步骤

(一) 菌落总数测定

1. 样品采集

取距水面 10~15 cm 的深层水样,先将无菌的带玻璃塞瓶瓶口向下浸入水中,然后翻转过来,除去玻璃塞,水即流入瓶中,盛满后,将瓶塞盖好,再从水中取出,最好立即检查,否则需放入冰箱中保存。

2. 样品稀释

按无菌操作方法吸取 1 mL 充分混匀的水样,注入盛有 9 mL 无菌生理盐水的试管中,混匀后制成 1∶10 稀释液。

吸取 1∶10 稀释液 1 mL,注入盛有 9 mL 无菌生理盐水的试管中,混匀后制成 1∶100 稀释液。按同法依次配制 1∶1000、1∶10000 稀释液备用。如此每递增稀释一次,必须更换一支无菌吸管。

3. 混合平板

用无菌吸管吸取 1 mL 未稀释的水样和 2~3 个适宜稀释度的水样,分别注入无菌培养皿内,再倾注约 15 mL 已融化并冷却到 45 ℃ 左右的营养琼脂培养基,并立即旋摇培养皿,使水样与培养基充分混匀。每次检验时应做一个平行接种,同时用另一个培养皿只倾注培养基作为空白对照。

4. 培养

待平板冷却凝固后,翻转培养皿,使底面向上,置于 36 ℃±1 ℃ 条件下培养 48 h,再进行菌落计数,即得 1 mL 水样中的菌落总数。

5. 菌落计数

可用眼睛直接观察，必要时用放大镜检查，以防遗漏。在记下各培养皿的菌落数后，应求出同稀释度的平均菌落数，供下一步计算时使用。在求同稀释度的平均数时，若其中一个培养皿上有较大片状菌落产生，则不宜采用，而应以无片状菌落产生的培养皿去计算该稀释度的平均菌落数。若片状菌落不到培养皿的一半，而其余一半中菌落的分布又很均匀，则可将此半皿计数后乘以 2 以代表全皿菌落数，然后再求该稀释度的平均菌落数。

6. 报告方法

(1) 选择平均菌落数在 30～300 之间者进行计算，若只有一个稀释度的平均菌落数在此范围内，则将该菌落数乘以稀释倍数报告结果(见表 24-1 中实例 1)。

(2) 若有两个稀释度，其生长的菌落数均在 30～300 之间，则视二者的比值来决定：若比值小于 2，则报告二者的平均数(见表 24-1 中实例 2)；若比值大于等于 2，则报告其中稀释度较小的菌落数(见表 24-1 中实例 3 和实例 4)。

表 24-1 稀释度选择和菌落总数报告方式

实例	不同稀释度的平均菌落数			两个稀释度菌落数之比	菌落总数 (CFU/mL)	报告方式 (CFU/mL)
	10^{-1}	10^{-2}	10^{-3}			
1	1365	164	20	—	16400	16000 或 $1.6×10^4$
2	2760	295	46	1.6	37750	38000 或 $3.8×10^4$
3	2890	271	60	2.2	27100	27000 或 $2.7×10^4$
4	150	30	8	2	1500	1500 或 $1.5×10^3$
5	多不可计	1650	513	—	513000	510000 或 $5.1×10^5$
6	27	11	5	—	270	270 或 $2.7×10^2$
7	多不可计	305	12	—	30500	31000 或 $3.1×10^4$

(3) 若所有稀释度的平均菌落数均大于 300，则按稀释度最高的平均菌落数乘以稀释倍数报告结果(见表 24-1 中实例 5)。

(4) 若所有稀释度的平均菌落数均小于 30，则按稀释度最低的平均菌落数乘以稀释倍数报告结果(见表 24-1 中实例 6)。

(5) 若所有稀释度的平均菌落数均不在 30～300 之间，则应以最接近 30 或 300 的平均菌落数乘以稀释倍数报告结果(见表 24-1 中实例 7)。

(6) 若所有稀释度的平板上均无菌落生长，则以"未检出"报告结果。

(7) 若所有平板上均菌落密布，不要用"多不可计"报告，而应在稀释度最大的平板上，任意数其中 2 个平板 1 cm² 中的菌落数，除以 2 求出每平方厘米内平均菌落总数，乘以皿底面积 63.6 cm²，再乘以稀释倍数报告结果。

(8)菌落计数的报告。菌落数在 100 以内时,按实有数报告;菌落数大于 100 时,采用两位有效数字,两位有效数字后面的数值按四舍五入法进行处理,为了减少后面零的个数,也可以用 10 的指数来表示(见表 24-1 中"报告方式"列)。

(二)总大肠菌群测定

总大肠菌群测定采用多管发酵法,如图 24-1 所示。

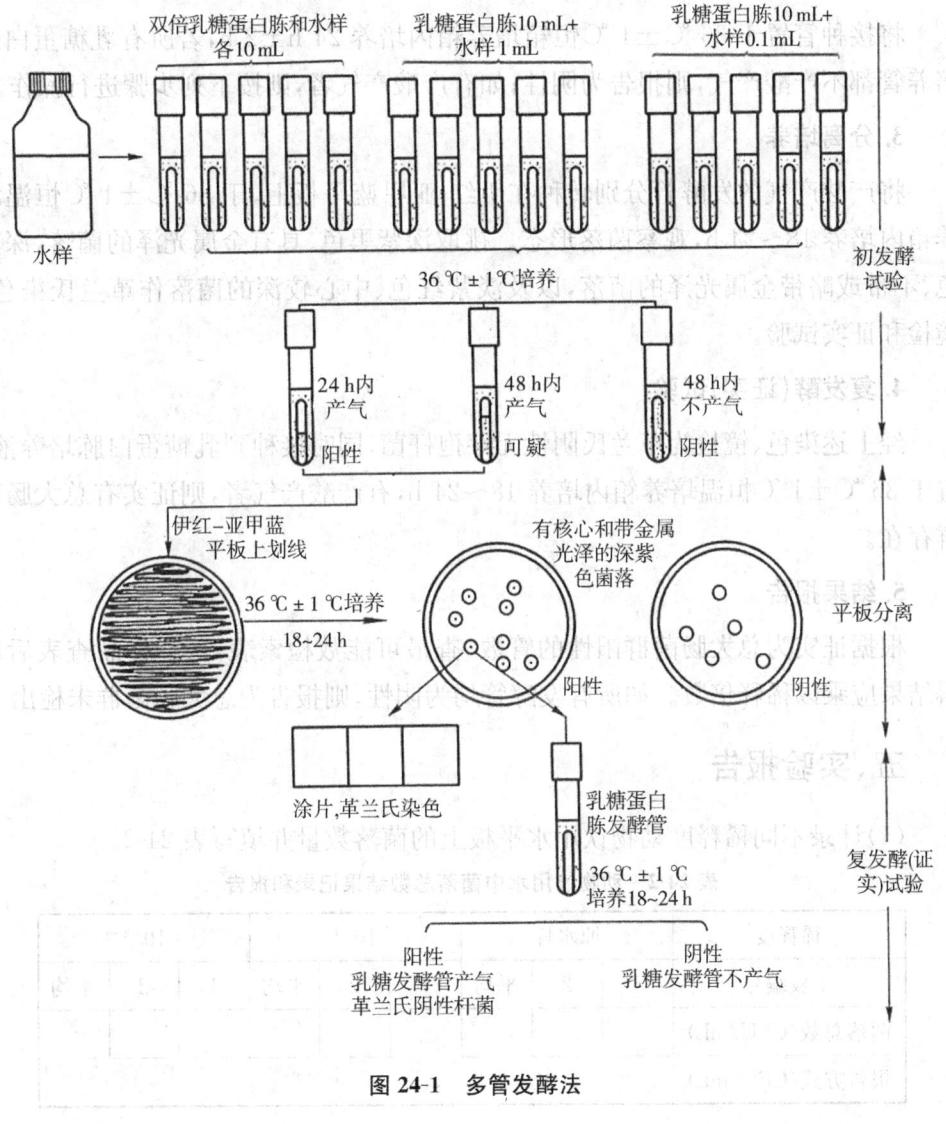

图 24-1　多管发酵法

1. 乳糖发酵试验

取 10 mL 水样接种到 10 mL 双倍乳糖蛋白胨培养液中(内有小倒管),取 1 mL 水样接种到 10 mL 乳糖蛋白胨培养液中,另取 1 mL 水样注入盛有 9 mL 无菌生理盐水的试管中,混匀后制成 1∶10 稀释液,取 1 mL 1∶10 稀释液接种到

10 mL乳糖蛋白胨培养液中。每一稀释度接种5管(水样55.5 mL)。

如污染较严重,应增加稀释度,可接种1 mL、0.1 mL、0.01 mL甚至0.1 mL、0.01 mL、0.001 mL,每个稀释度接种5管,每个水样共接种15管。接种1 mL以下水样时,必须作10倍递增稀释,取1 mL接种,每递增稀释一次,换用一支无菌吸管。

2. 培养

将接种管置于36 ℃±1 ℃恒箱培养箱内培养24 h±2 h,若所有乳糖蛋白胨培养管都不产酸产气,则报告为阴性;如有产酸产气者,则按下列步骤进行操作。

3. 分离培养

将产酸产气的发酵管分别转种在伊红-亚甲蓝平板上,于36 ℃±1 ℃恒温培养箱内培养18~24 h,观察菌落形态。挑取深紫黑色、具有金属光泽的菌落,深黑色、不带或略带金属光泽的菌落,以及淡紫红色、中心较深的菌落作革兰氏染色、镜检和证实试验。

4. 复发酵(证实)试验

经上述染色、镜检为革兰氏阴性无芽孢杆菌,同时接种到乳糖蛋白胨培养液,置于36 ℃±1 ℃恒温培养箱内培养18~24 h,有产酸产气者,则证实有总大肠菌群存在。

5. 结果报告

根据证实为总大肠菌群阳性的管数,查最可能数检索表,稀释样品查表后所得结果应乘以稀释倍数。如所有发酵管均为阴性,则报告为总大肠菌群未检出。

五、实验报告

(1)计录不同稀释度动物饮用水平板上的菌落数量并填写表24-2。

表24-2 动物饮用水中菌落总数结果记录和报告

稀释度	原水样			10^{-1}			10^{-2}		
平板编号	1	2	平均	1	2	平均	1	2	平均
菌落总数(CFU/mL)									
报告方式(CFU/mL)									

(2)查阅15管法最可能数检索表(表24-3),并报告本次大肠菌群试验检验结果。

实验 24　动物饮用水的微生物学检验

表 24-3　15 管法最可能数检索表

（总接种量 55.5 mL，其中 5 份 10 mL 水样、5 份 1 mL 水样、5 份 0.1 mL 水样）

接种量(mL)			每 100 mL 水样中总大肠菌群近似数	接种量(mL)			每 100 mL 水样中总大肠菌群近似数
10	1	0.1		10	1	0.1	
0	0	0	<2	0	4	5	17
0	0	1	2	0	5	0	9
0	0	2	4	0	5	1	11
0	0	3	5	0	5	2	13
0	0	4	7	0	5	3	15
0	0	5	9	0	5	4	17
0	1	0	2	0	5	5	19
0	1	1	4	1	0	0	2
0	1	2	6	1	0	1	4
0	1	3	7	1	0	2	6
0	1	4	9	1	0	3	8
0	1	5	11	1	0	4	10
0	2	0	4	1	0	5	12
0	2	1	6	1	1	0	4
0	2	2	7	1	1	1	6
0	2	3	9	1	1	2	8
0	2	4	11	1	1	3	10
0	2	5	13	1	1	4	12
0	3	0	6	1	1	5	14
0	3	1	7	1	2	0	6
0	3	2	9	1	2	1	8
0	3	3	11	1	2	2	10
0	3	4	13	1	2	3	12
0	3	5	15	1	2	4	15
0	4	0	8	1	2	5	17
0	4	1	9	1	3	0	8
0	4	2	11	1	3	1	10
0	4	3	13	1	3	2	12
0	4	4	15	1	3	3	15

续表

接种量(mL)			每100 mL水样中总大肠菌群近似数	接种量(mL)			每100 mL水样中总大肠菌群近似数
10	1	0.1		10	1	0.1	
1	3	4	17	2	2	4	19
1	3	5	19	2	2	5	22
1	4	0	11	2	3	0	12
1	4	1	13	2	3	1	14
1	4	2	15	2	3	2	17
1	4	3	17	2	3	3	20
1	4	4	19	2	3	4	22
1	4	5	22	2	3	5	25
1	5	0	13	2	4	0	15
1	5	1	15	2	4	1	17
1	5	2	17	2	4	2	20
1	5	3	19	2	4	3	23
1	5	4	22	2	4	4	25
1	5	5	24	2	4	5	28
2	0	0	5	2	5	0	17
2	0	1	7	2	5	1	20
2	0	2	9	2	5	2	23
2	0	3	12	2	5	3	26
2	0	4	14	2	5	4	29
2	0	5	16	2	5	5	32
2	1	0	7	3	0	0	8
2	1	1	9	3	0	1	11
2	1	2	12	3	0	2	13
2	1	3	14	3	0	3	16
2	1	4	17	3	0	4	20
2	1	5	19	3	0	5	23
2	2	0	9	3	1	0	11
2	2	1	12	3	1	1	14
2	2	2	14	3	1	2	17
2	2	3	17	3	1	3	20

续表

接种量(mL)			每 100 mL 水样中总大肠菌群近似数	接种量(mL)			每 100 mL 水样中总大肠菌群近似数
10	1	0.1		10	1	0.1	
3	1	4	23	4	0	4	30
3	1	5	27	4	0	5	36
3	2	0	14	4	1	0	17
3	2	1	17	4	1	1	21
3	2	2	20	4	1	2	26
3	2	3	24	4	1	3	31
3	2	4	27	4	1	4	36
3	2	5	31	4	1	5	42
3	3	0	17	4	2	0	22
3	3	1	21	4	2	1	26
3	3	2	24	4	2	2	32
3	3	3	28	4	2	3	38
3	3	4	32	4	2	4	44
3	3	5	36	4	2	5	50
3	4	0	21	4	3	0	27
3	4	1	24	4	3	1	33
3	4	2	28	4	3	2	39
3	4	3	32	4	3	3	45
3	4	4	36	4	3	4	52
3	4	5	40	4	3	5	59
3	5	0	25	4	4	0	34
3	5	1	29	4	4	1	40
3	5	2	32	4	4	2	47
3	5	3	37	4	4	3	54
3	5	4	41	4	4	4	62
3	5	5	45	4	4	5	69
4	0	0	13	4	5	0	41
4	0	1	17	4	5	1	48
4	0	2	21	4	5	2	56
4	0	3	25	4	5	3	64

续表

接种量(mL)			每 100 mL 水样中总大肠菌群近似数	接种量(mL)			每 100 mL 水样中总大肠菌群近似数
10	1	0.1		10	1	0.1	
4	5	4	72	5	2	5	180
4	5	5	81	5	3	0	79
5	0	0	23	5	3	1	110
5	0	1	31	5	3	2	140
5	0	2	43	5	3	3	180
5	0	3	58	5	3	4	210
5	0	4	76	5	3	5	250
5	0	5	95	5	4	0	130
5	1	0	33	5	4	1	170
5	1	1	46	5	4	2	220
5	1	2	63	5	4	3	280
5	1	3	84	5	4	4	350
5	1	4	110	5	4	5	430
5	1	5	130	5	5	0	240
5	2	0	49	5	5	1	350
5	2	1	70	5	5	2	540
5	2	2	94	5	5	3	920
5	2	3	120	5	5	4	1600
5	2	4	150	5	5	5	≥2400

实验 25　青贮饲料制作

一、实验目的

了解青贮饲料的制作原理,掌握青贮饲料的制作方法。

二、基本原理

青贮饲料是指将新鲜的青饲料切短装入密封容器里,经过微生物发酵作用,制成的一种具有特殊芳香气味、营养丰富的多汁饲料。

将青贮原料置于密封条件下,造成缺氧,使其中的乳酸菌利用可溶性糖发酵产生乳酸,乳酸积累到一定程度时抑制其他微生物生长,可达到长久保存的目的。

很多青饲料都能用于制作青贮饲料,以含糖量多的青饲料效果较好。禾本科作物或牧草由于含糖量高,易于青贮;豆科作物或牧草的蛋白质含量高,易腐烂,难以青贮,须用其他含糖量高的禾本科青饲料与之混合青贮。原料适时收割,可以获得最大营养物质产量,此时水分和可溶性碳水化合物含量适当,有利于乳酸发酵,易于制作优质青贮饲料。一般禾本科牧草宜在孕穗至抽穗期收割,豆科牧草宜在现蕾至开花初期收割。原料收割后应立即运至青贮地点并切短,整株玉米青贮时最好在腊熟早期,即在物质含量为 25%～35% 时进行收割。对收获果穗后的玉米秸进行青贮时,宜在玉米果穗成熟、玉米叶仅有下部 1～2 片叶黄时立即收割,或在玉米七成熟时削尖进行青贮。

为了获得优质青贮饲料,减少在发酵过程中由于微生物的活动而造成的养分损失,可借助青贮饲料添加剂对发酵进行控制。青贮饲料添加剂必须是无毒的,对瘤胃发酵无副作用,根据其功能可分为四类:发酵抑制剂、发酵促进剂、好气性腐败菌抑制剂和营养添加剂。

(1)发酵抑制剂。发酵抑制剂可部分或全部抑制微生物生长,抑制有害微生物的活动,减少发酵过程中各种物质的损失,包括无机酸、甲酸、乙酸、乳酸、苯甲酸、丙烯酸、甲醛、抗生素等。

(2)发酵促进剂。通过加入乳酸菌、纤维素分解菌和含碳水化合物丰富的物质等,使乳酸菌尽快达到足够的数量,或增强乳酸菌的活动,加快发酵过程,迅速产生大量乳酸,使青贮饲料的酸度快速下降。这类添加剂主要有含碳水化合物丰富的物质,如葡萄糖、谷物类、乳清、糖蜜等,同时加入乳酸菌和纤维素分解菌等。

(3)好气性腐败菌抑制剂。好气性腐败菌抑制剂的作用是抑制对青贮饲料需氧腐败起重要作用的生物体(腐败菌、霉菌等)的活动,因为好气性腐败菌的活动会使青贮饲料腐败变质。这些添加剂包括山梨酸、丙酸、氨、双乙酸钠等。

(4)营养添加剂。营养添加剂是指加入青贮饲料中能明显改善采食青贮饲料的家畜的营养需要的物质,包括含碳水化合物丰富的物质、含氮化合物、矿物质等。含碳水化合物丰富的物质如糖蜜、玉米面等,含氮化合物如硫酸铵、尿素等,矿物质如食盐、碳酸钙等。

三、实验器材

(1)青贮原料:青玉米秸秆。
(2)菌种:乳酸菌。
(3)其他用品:切刀、罐头瓶、棉绳、塑料薄膜、尿素等。

四、操作步骤

1. 切短与调节水分

切短有利于压实,将青玉米秸秆切成1 cm左右长短的碎料,将水分含量调节至65%左右。一般用手挤压可大致判别水分含量:用手握紧切碎的原料,如水能从手指缝间滴出,其水分含量约在75%以上;如水从手指缝间渗出并未滴下来,松手后保持球状,手上有湿印,其水分含量为68%~75%,若是禾本科牧草,则已适于制作青贮饲料;若手松后草球慢慢膨胀,手上无湿印,其水分含量为60%~67%,适于豆科牧草的青贮;如手松后草球立即膨胀,其水分含量约在60%以下,此时不易普通青贮,只适于幼嫩牧草低水分青贮。

2. 填料压实

把调节好水分的原料装入罐头瓶内,加入少量乳酸菌和5‰尿素,混合后分层压实,避免滞留过多空气。

3. 密封

把塑料薄膜罩在罐头瓶瓶口部,快速用盖拧紧。

4. 检查

检查罐头瓶的密封性,确保密封完全、不漏气。在26~37 ℃条件下放置1个月。

5. 青贮饲料品质鉴定

(1)感官鉴定法。感官鉴定法的指标包括颜色、气味、质地等。优质青贮饲料的颜色为青绿色或黄绿色,接近原料的颜色,中等青贮饲料呈黄褐色或暗绿色,劣质青贮饲料呈褐色、黑色或黑绿色。优质青贮饲料可散发出酸香味,略带酒香味;中等青贮饲料呈醋酸味,缺乏香味;劣质青贮饲料有恶臭味和发霉味。优质青贮饲料质地紧密、湿润、易分离,一般不结块,劣质青贮饲料易结成团,质地松软,手感发黏。

(2)化学分析法。优质青贮饲料的 pH 为 3.8~4.4;中等青贮饲料的 pH 为 4.5~5.4;劣质青贮饲料的 pH 为 5.5~6.0。

青贮饲料中乳酸、醋酸和丁酸的含量是评定青贮饲料品质的可靠指标。优良的青贮饲料含有较多的乳酸、少量的醋酸,而不含丁酸;品质差的青贮饲料含丁酸多而乳酸少。

五、实验报告

根据实验过程和实验结果,总结青贮饲料制作过程中的注意事项。

实验 26 微生物发酵产沼气

一、实验目的

(1) 理解微生物发酵产沼气的原理,认识微生物发酵产沼气的过程。
(2) 学习并掌握在实验室制取沼气的一种简捷方法,并为其他发酵实验装置的制作、实验技术方法提供经验和借鉴。

二、基本原理

微生物能利用废弃有机物、污水、粪便、农副产品等产生可燃气体,所以在沼泽地、污水沟或粪池里会有气泡冒出来,这就是自然界天然产生的沼气。由于这种气体最先是在沼泽中发现的,所以称之为沼气。人们利用微生物发酵产沼气,既可以治理环境污染,又可以利用废物产生能源,而且这种能源是重要的再生能源。特别是我国农村大力推广的"沼气生态园",将沼气池、厕所、畜禽舍建在日光温室内,构成"四位一体"模式,形成以微生物发酵产沼气、沼液、沼渣为中心的种植业、养殖业、可再生能源和环境保护"四结合"的生态系统,在我国经济和社会的可持续发展中起到重要作用。目前,国家不断加大对农村沼气建设的资金投入,农村户用沼气池达到几千万户,应用规模居世界首位。但微生物产沼气费时、费事,效率较低,许多问题亟待研究解决。进一步研究微生物产沼气的机制、条件和工艺是提高其效率的主要途径之一。

用富含淀粉等的有机物产沼气的过程是:许多异养微生物将淀粉等不同有机质在有氧条件下分解生成简单的有机酸、醇和 CO_2 等,然后产甲烷菌将乙酸、CO_2、H_2 等在厌氧条件下转化生成甲烷,从而形成含 60%~70%甲烷、30%~40% CO_2 和极少量其他气体的沼气。发酵的原料、温度、pH、菌种、反应器等,对沼气产生的速度、浓度和量都有很大影响。微生物产沼气是一个非常复杂的过程,其机制还没有完全研究清楚,但可以肯定,它是多种微生物经好氧和厌氧混合发酵的结果。

三、实验器材

(1) 菌种:来自培养室的环境。

(2)培养基:50 g 稻米或面条(为了节约粮食,最好选用富含淀粉等的废弃有机物)。

(3)仪器和其他用品:带盖的塑料瓶(1000 mL,2个)、乳胶管或塑料软管(长度50 cm)、医用2号注射针头、橡皮塞、接种环、剪刀、强力黏胶、玻璃杯(500 mL)等。

四、操作步骤

1. 发酵装置的制作

将接种环烧红,在2个塑料瓶近底部各烙穿一个小孔,孔径大小与乳胶管口径相近,再将一个瓶盖中央烙穿一个小孔,孔径大小与2号注射针头的尾端粗细相近。将乳胶管的两端分别插入2个塑料瓶的小孔内,用强力黏胶密封乳胶管与塑料瓶的相交处。将2号注射针头的尾端嵌入瓶盖的小孔中,同样用强力黏胶密封瓶盖与2号注射针头尾端的相交处。待密封处干燥后,用水检验,确认密封处不漏水后,才能算完成制作。这种连接在一起的2个带盖的塑料瓶可称为发酵装置,瓶盖上带有注射针头的塑料瓶称为发酵罐,另一个塑料瓶则称为储存罐(图26-1)。这种装置可用于实验室的一些发酵实验。

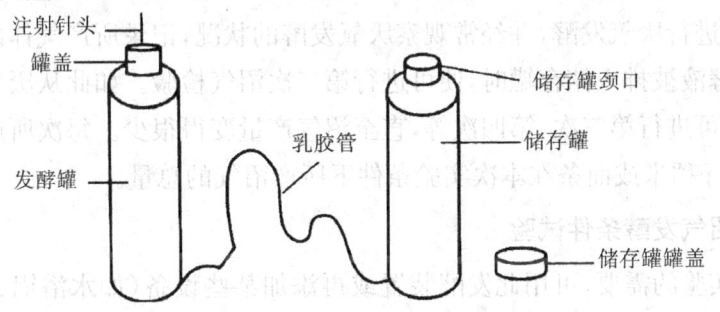

图 26-1 微生物产沼气的发酵装置示意图

2. 好氧发酵

取50 g 稻米或面条置于玻璃杯中,加入200 mL 自来水,放在28~37 ℃条件下发酵,24~48 h 后,见水表面有许多小气泡,表明好氧发酵成功。如果需要加快实验的速度,可将稻米或面条加水煮熟,放在37 ℃发酵24 h,同样可以实现好氧发酵。

3. 厌氧发酵

将储存罐的罐盖盖上并拧紧,将好氧发酵过的物料和发酵液全部装入发酵罐,并加自来水将发酵罐灌满,拧紧罐盖,使水滴从注射针头的针尖中溢出,将针尖扎入一个小橡皮塞,密封注射针头的针管。全套发酵装置放在28~37 ℃条件下,打开储存罐的罐盖,进行厌氧发酵,并经常观察厌氧发酵的状况。

4. 沼气的检验

厌氧发酵时,在发酵罐中,微生物发酵物料持续地产生沼气,沼气聚集在发酵罐液面的上方并产生压力,将发酵罐中的物料和发酵液逐渐地排入储存罐中。发酵 4 h 后,定期记录排入储存罐中的物料和发酵液的量,用于表示厌氧发酵产沼气的量,由于存在 $CO_2 + H_2O \longrightarrow H_2CO_3$ 的反应,因此沼气中 CO_2 的含量较少,使其可以燃烧。待绝大多数发酵液被排入储存罐时,将储存罐提升,放在高处,使储存罐的底部高于发酵罐的罐盖部,拔去发酵罐注射针头上的橡皮塞,这时发酵液将回流到发酵罐,沼气从注射针孔排出,对准注射针头的针尖点火,可见针尖处有气体燃烧。因沼气的火焰小且颜色淡,在亮处不易看清,但可见针尖被烧红,或在针尖上方可以点燃纸片。如果气体离开火源能自行燃烧,说明气体中甲烷含量已达 50%,CO_2 含量在 40% 以下,也表明发酵产生了沼气。1000 mL 沼气从针尖排出可燃烧 7~8 min。

5. 沼气总产量的检测

待沼气燃烧完,储存罐的发酵液全部流回发酵罐后,将储存罐的罐盖盖上并拧紧,再次将发酵罐罐盖上的针尖扎入小橡皮塞,放在 28~37 ℃ 室内,打开储存罐的罐盖,进行厌氧发酵,并经常观察厌氧发酵的状况,记录所产气体的量。待绝大多数发酵液被排入储存罐时,便可进行第二次沼气检验。如此从厌氧发酵到沼气检验,还可进行第三次、第四次等,直至沼气产量变得很少。每次所产沼气量相加,就是 50 g 稻米或面条在本次实验条件下所产沼气的总量。

6. 产沼气发酵条件试验

根据实验的需要,可用此发酵装置或再添加某些设备(如水浴锅、搅拌器)开展产沼气发酵条件的探索试验,包括发酵原料(有机垃圾、秸秆或人畜粪便)、碳氮比、温度、pH、搅拌速度、活性污泥或菌剂的添加量、有害物的控制等。将试验得到的产沼气速度、总量等进行分析比较,获得的结论对改良大规模沼气生产有参考意义和价值。

注意事项

(1) 在制作发酵装置时,一定要等待密封处的强力黏胶干燥,用水检验并确认密封处不漏水后,才能用于实验。

(2) 注意发酵温度对好氧和厌氧发酵的影响,掌握好观察沼气产生和沼气燃烧的时间。

(3) 沼气产生后,应防止发酵罐泄漏,发酵罐不可靠近高温,更不能接近明火,预防意外事件发生,特别要注意安全。

五、实验报告

1. 实验结果

(1)你所做的好氧发酵实验的结果如何?厌氧发酵在 48 h 内的产气情况如何?

(2)以培养时间(单位:天)为横轴,产气量(单位:mL)为纵轴,绘制你所用试验原料的产气曲线。

2. 思考题

(1)如果用农作物的秸秆作为产沼气的主要原料,应采取哪些措施提高沼气产量?

(2)你所制作的沼气发酵装置还能用于哪些微生物学方面的实验?经改造后又能用于哪些实验?

(3)农村中有的沼气池"一年建,二年用,三年废",试分析产生这种现象的原因,并提出改进的建议。

附 录

附录 I 常用染色液的配制

1. 碱性美蓝染液

A 液：

美蓝	0.6 g
95%乙醇溶液	30 mL

B 液：

KOH	0.01 g
蒸馏水	100 mL

分别配制 A 液和 B 液，配好后混合即可。

2. 革兰氏(Gram)染液

(1) 草酸铵结晶紫染液：

A 液：

结晶紫	2 g
95%乙醇溶液	20 mL

B 液：

草酸铵	0.8 g
蒸馏水	80 mL

混合 A 液和 B 液，静置 48 h 后使用。

(2) 卢戈氏(Lugol)碘液：

碘片	1 g
碘化钾	2 g
蒸馏水	300 mL

先取 2 g 碘化钾置于干净的乳钵中，加入少量水(约 5 mL)，待完全溶解后，再加入 1 g 碘片，随后研磨，并徐徐加水至完全溶解，补足水分即成。

(3) 95％乙醇溶液(体积百分数)。

(4) 番红复染液：

番红	2.5 g
95％乙醇溶液	100 mL

取上述配好的番红复染液 10 mL 与 90 mL 蒸馏水混匀即成,有效期不超过 4 个月。

3. 瑞氏(Wright)染液

瑞氏染料粉末	0.3 g
甘油	3 mL
甲醇	97 mL

取 0.3 g 瑞氏染料(由伊红与亚甲蓝组成的中性染料)置于干燥乳钵中,加甘油后研磨至完全呈细末状,再徐徐加入甲醇,不断研磨以促使其溶解。将溶液倾入有色(如棕色)中性瓶中,并用甲醇洗涤乳钵,亦倾入瓶内,最后定容到 100 mL。将此瓶置于暗处过夜,次日过滤后即成。该染色液保存时间越久,染色的色泽效果越好,即越鲜艳。

4. 乳酸石炭酸棉蓝染液

石炭酸	10 g
乳酸(相对密度为 1.21)	10 mL
甘油	20 mL
蒸馏水	10 mL
棉蓝	0.02 g

将石炭酸加在蒸馏水中加热溶解,然后加入乳酸和甘油,最后加入棉蓝,使其溶解即成。

5. 荚膜染液

(1) 黑色素水溶液：

黑色素	5 g
蒸馏水	100 mL
福尔马林(40％甲醛)	0.5 mL

将黑色素在蒸馏水中煮沸 5 min,然后加入福尔马林作防腐剂。

(2) 番红染液：与革兰氏染液中番红复染液相同。

6. 姬姆萨(Giemsa)染液

姬姆萨染料	0.5 g
甘油	33 mL

甲醇 33 mL

将姬姆萨染料研细,然后边加入甘油边继续研磨,最后加入甲醇混匀,在 56 ℃放置 1~24 h 后,即得姬姆萨贮存液。临用前在 1 mL 姬姆萨贮存液中加入 pH 7.2 磷酸缓冲液 20 mL,配成使用液。

7. 吲哚试剂

(1)柯凡克试剂:将 5 g 对二甲氨基苯甲醛溶解于 75 mL 戊醇中,然后缓慢加入浓盐酸 25 mL。

(2)欧-波试剂:将 1 g 对二甲氨基苯甲醛溶解于 95 mL 95%乙醇溶液内,然后缓慢加入浓盐酸 20 mL。

挑取少量培养物接种到蛋白胨水培养基中,在 36 ℃±1 ℃培养 1~2 天,必要时可培养 4~5 天。加入柯凡克试剂 0.5 mL,轻摇试管,阳性者试剂层呈深红色;或加欧-波试剂约 0.5 mL,沿管壁流下,覆盖于培养液表面,阳性者在液面接触处呈玫瑰红色。

用途:用于明胶液化试验。

附录Ⅱ 常用培养基的配制

1. 牛肉膏蛋白胨培养基(营养琼脂)

牛肉膏	3 g
蛋白胨	10 g
NaCl	5 g
琼脂	15~20 g
蒸馏水	1000 mL
pH	7.4~7.6

121 ℃灭菌 20 min。

称取各种成分置于 2 L 烧杯中,加入蒸馏水 1000 mL,加热、搅拌,使各成分彻底溶解。用 1 mol/L NaOH 溶液或 1 mol/L HCl 溶液调节 pH 至 7.4~7.6。

用途:一般细菌的分离培养、纯培养、菌落特征观察和菌种保藏;也可作为特殊培养基(如血液琼脂培养基)的基础培养基。

2. 营养肉汤

除不加凝固剂琼脂外,营养肉汤的成分和灭菌方法同"牛肉膏蛋白胨培养基"。

用途:一般细菌的液体培养。

3. 高氏(Gause)Ⅰ号培养基

可溶性淀粉	20 g
KNO_3	1 g
NaCl	0.5 g
$K_2HPO_4 \cdot 3H_2O$	0.5 g
$MgSO_4 \cdot 7H_2O$	0.5 g
$FeSO_4 \cdot 7H_2O$	0.01 g
琼脂	15~20 g
蒸馏水	1000 mL
pH	7.4~7.6

配制时,先用少量冷水将淀粉调成糊状,再倒入煮沸的水中,在火上加热,边搅拌边加入其他成分,溶化后,补足水分至 1000 mL。121 ℃灭菌 20 min。

用途:用于放线菌的培养。

4. 察氏(Czapeks)培养基

NaNO$_3$	2 g
K$_2$HPO$_4$·3H$_2$O	1 g
KCl	0.5 g
MgSO$_4$·7H$_2$O	0.5 g
FeSO$_4$·7H$_2$O	0.01 g
蔗糖	30 g
琼脂	15~20 g
蒸馏水	1000 mL
pH	自然

113 ℃灭菌 20~30 min。

用途：用于培养霉菌。

5. 马丁(Martin)培养基

葡萄糖	10 g
蛋白胨	5 g
KH$_2$PO$_4$	1 g
MgSO$_4$·7H$_2$O	0.5 g
1/3000 孟加拉红水溶液	100 mL
琼脂	15~20 g
pH	自然
蒸馏水	800 mL

113 ℃灭菌 20~30 min。临用前加入 0.3 mg/mL 链霉素稀释液 100 mL，使每毫升培养基中含链霉素 30 μg。

用途：用于真菌的分离纯化。

6. 马铃薯培养基(PDA 培养基)

马铃薯	200 g
葡萄糖(或蔗糖)	20 g
琼脂	15~20 g
蒸馏水	1000 mL
pH	自然

马铃薯去皮，切成块煮沸半小时，然后用纱布过滤，再加葡萄糖和琼脂，溶化后补足蒸馏水至 1000 mL。113 ℃灭菌 20~30 min。

用途：用于培养霉菌和酵母菌。

7. 半固体牛肉膏蛋白胨培养基

牛肉膏蛋白胨液体培养基	100 mL
琼脂	0.35~0.4 g
pH	7.6

121 ℃灭菌 20 min。

用途:用于细菌动力试验。

8. 血液琼脂培养基

pH 7.6 的牛肉膏蛋白胨培养基	100 mL
脱纤维羊血(或兔血)	10 mL

将牛肉膏蛋白胨培养基加热融化,待冷却至 50 ℃左右时,加入无菌脱纤维羊血(或兔血),摇匀后倒平板或制成斜面。37 ℃过夜,检查无菌生长即可使用。

无菌脱纤维羊血(或兔血)的制备:用配备 18 号针头的注射器按无菌操作抽取全血,并立即注入装有玻璃珠(直径约 3 mm)的无菌锥形瓶中,摇动锥形瓶 10 min 左右,形成的纤维蛋白块会沉淀在玻璃珠上,把含血细胞和血清的上清液倾入无菌容器,即得脱纤维羊血(或兔血),置于冰箱内备用。

用途:用于病原菌的分离纯化和营养要求较高的病原菌的培养;用于检查细菌是否具有溶血性。

9. 淀粉培养基

牛肉膏	5 g
蛋白胨	10 g
NaCl	5 g
可溶性淀粉	2 g
琼脂	15~20 g
蒸馏水	1000 mL
pH	7.0~7.2

121 ℃灭菌 20 min。

用途:用于淀粉水解试验。

10. 明胶培养基

营养肉汤	100 mL
明胶	12~18 g
pH	7.2~7.4

在水浴锅中将上述成分溶化,不断搅拌。溶化后调节 pH 至 7.2~7.4。121 ℃灭菌 30 min。

用途：用于明胶液化试验。

11. 蛋白胨水培养基

蛋白胨	20 g
NaCl	5 g
蒸馏水	1000 mL
pH	7.4±0.2

121 ℃灭菌 20 min。

用途：用于吲哚试验。

12. 糖发酵培养基

蛋白胨水培养基	1000 mL
16 g/L 溴甲酚紫乙醇溶液	1~2 mL
pH	7.6
另配 200 g/L 糖溶液（葡萄糖、乳糖、蔗糖等）	各 10 mL

(1) 将上述含溴甲酚紫指示剂的蛋白胨水培养基(pH 7.6)分装于试管中，在每管内放一个倒置的杜氏小管，使其充满培养液。

(2) 将已分装好的蛋白胨水和 200 g/L 的各种糖溶液分别灭菌，蛋白胨水 121 ℃灭菌 20 min；糖溶液 112 ℃灭菌 30 min。

(3) 灭菌后，每管按无菌操作分别加入 200 g/L 的无菌糖溶液 0.5 mL（按每 10 mL 培养基中加入 200 g/L 的糖液 0.5 mL，则成 10 g/L 的浓度）。

用途：检测微生物对于不同类型糖类的发酵能力。微生物在分解糖的过程中会产生不同的代谢产物，如乳酸、乙酸、气体等，这些代谢产物可以在糖发酵培养基上观察到。通过观察微生物在糖发酵培养基上的发酵情况，可以推断出微生物的种属和特性。

13. 柠檬酸盐培养基

$NH_4H_2PO_4$	1 g
$K_2HPO_4 \cdot 3H_2O$	1 g
NaCl	5 g
$MgSO_4 \cdot 7H_2O$	0.2 g
柠檬酸钠	2 g
琼脂	15~20 g
蒸馏水	1000 mL
10 g/L 溴麝香草酚蓝乙醇溶液	10 mL

将上述各成分加热溶解后，调节 pH 至 6.8，然后加入指示剂，摇匀，用脱脂棉

过滤。制成后为黄绿色溶液,分装于试管中,121 ℃灭菌 20 min 后制成斜面。注意配制时控制好 pH,不要过碱,以溶液颜色呈黄绿色为准。

用途:用于肠道菌的柠檬酸盐利用试验。

14. 醋酸铅培养基

pH 7.4 的牛肉膏蛋白胨培养基	100 mL
硫代硫酸钠	0.25 g
100 g/L 醋酸铅水溶液	1 mL
pH	7.2

将牛肉膏蛋白胨培养基 100 mL 加热融化,待冷却至 60 ℃时,加入硫代硫酸钠 0.25 g,调节 pH 至 7.2,分装于锥形瓶中,115 ℃灭菌 15 min。取出后冷却至 55~60 ℃,加入 100 g/L 醋酸铅水溶液 1 mL,混匀后倒入无菌试管或平板中。

用途:用于细菌的产硫化氢试验。

15. 石蕊牛奶培养基

牛奶粉	100 g
石蕊	0.075 g
蒸馏水	1000 mL
pH	6.8

121 ℃灭菌 15 min。

用途:用于细菌的产酸、产碱能力检查;用于检测细菌对牛乳的凝固性和胨化特性。

16. LB(Luria-Bertani)培养基

蛋白胨	10 g
酵母膏	5 g
NaCl	10 g
蒸馏水	1000 mL
pH	7.0

121 ℃灭菌 20 min。

用途:用于培养基因工程受体菌。

17. 伊红美蓝培养基(EMB 培养基)

蛋白胨	10 g
乳糖	2 g
KH_2PO_4	2 mL
琼脂	20~30 g

20 g/L 伊红水溶液	20 mL
5 g/L 美蓝水溶液	13 mL
蒸馏水	1000 mL
pH	7.2

将蛋白胨、磷酸盐和琼脂溶解于蒸馏水中,校正 pH 为 7.2,加入乳糖,混匀后分装,115 ℃高压蒸汽灭菌 20 min。临用时加热融化琼脂,冷却至 50～55 ℃,加入伊红和美蓝水溶液,混匀,倾注培养皿。

用途:用于饲料、食品中大肠菌群的检查。

18. 乳糖蛋白胨培养液

蛋白胨	10 g
牛肉膏	3 g
乳糖	5 g
NaCl	5 g
16 g/L 溴甲酚紫乙醇溶液	1 mL
蒸馏水	1000 mL
pH	7.2～7.4

将蛋白胨、牛肉膏、乳糖和 NaCl 加热溶解于 1000 mL 蒸馏水中,调节 pH 至 7.2～7.4。加入 16 g/L 溴甲酚紫乙醇溶液 1 mL,充分混匀,分装于含有杜氏小倒管的试管中。115 ℃灭菌 20 min。

用途:用于水的细菌学检查(大肠菌群测定)。

19. 尿素琼脂培养基

尿素	20 g
琼脂	15 g
NaCl	5 g
KH_2PO_4	2 g
蛋白胨	1 g
酚红	0.012 g
蒸馏水	1000 mL
pH	6.8±0.2

在 100 mL 蒸馏水中加入上述除琼脂外的所有成分,混合均匀,过滤除菌。将琼脂加入 900 mL 蒸馏水中,加热煮沸。121 ℃灭菌 15 min。冷却至 50 ℃左右,加入过滤除菌的基础培养基,混匀,分装于无菌试管中,放在倾斜位置上使其凝固。

用途:用于细菌脲酶试验。

20. 葡萄糖蛋白胨水培养基

蛋白胨	5 g
葡萄糖	5 g
$K_2HPO_4 \cdot 3H_2O$	2 g
蒸馏水	1000 mL
pH	7.0~7.2

将上述各成分溶于1000 mL 蒸馏水中,调节 pH 至 7.0~7.2,过滤。分装于试管中,每管10 mL,112 ℃灭菌 30 min。

用途:用于大肠杆菌的甲基红试验和伏-波试验。

21. BP(Baird-Parker)培养基

胰蛋白胨	10 g
牛肉膏	5 g
酵母膏	1 g
丙酮酸钠	10 g
甘氨酸	12 g
$LiCl \cdot 6H_2O$	5 g
琼脂	20 g
蒸馏水	950 mL
pH	7.0±0.2

增菌剂的配法:30%卵黄盐水 50 mL 与通过 0.22 μm 孔径滤膜进行过滤除菌的1%亚碲酸钾溶液 10 mL 混合,保存于冰箱内。

将各成分加到蒸馏水中,加热煮沸至完全溶解,调节 pH 至 7.0±0.2。每瓶分装 95 mL,121 ℃高压灭菌 15 min。临用时加热融化琼脂,冷却至 50 ℃左右,每 95 mL 加入预热至 50 ℃左右的卵黄亚碲酸钾增菌剂 5 mL,摇匀后倾注培养皿。培养基的容器应是致密不透明的。使用前在冰箱内储存时间不得超过 48 h。

用途:用于金黄色葡萄球菌的检测。

22. 高盐察氏琼脂培养基

$NaNO_3$	2 g
KH_2PO_4	1 g
$MgSO_4 \cdot 7H_2O$	0.5 g
$FeSO_4 \cdot 7H_2O$	0.01 g
KCl	0.5 g
NaCl	60 g

蔗糖	30 g
琼脂	20 g
蒸馏水	1000 mL
pH	4.5

将各成分加入蒸馏水中,加热溶解,分装于容器内,121 ℃高压灭菌 30 min。必要时可酌量增加琼脂。

用途:用于饲料中霉菌的培养和计数。

23. 缓冲蛋白胨水(BPW)

蛋白胨	10 g
NaCl	5 g
$Na_2HPO_4 \cdot 12H_2O$	9 g
KH_2PO_4	1.5 g
蒸馏水	1000 mL
pH	7.0±0.2

将各成分加入蒸馏水中,搅混均匀,静置约 10 min,煮沸溶解,调节 pH 至 7.2±0.2,121 ℃高压灭菌 20 min,临用时分装在 500 mL 锥形瓶中,每瓶 225 mL;或配好后校正 pH,分装于 500 mL 锥形瓶中,每瓶 225 mL,121 ℃高压灭菌 20 min 后备用。

用途:用于沙门菌前增菌。

24. 亚硒酸盐胱氨酸(SC)增菌液

(1)基础液:

胰蛋白胨	5 g
乳糖	4 g
$Na_2HPO_4 \cdot 12H_2O$	10 g
亚硒酸氢钠	4 g
蒸馏水	1000 mL

将前三种成分溶解于蒸馏水中,煮沸 5 min,冷却后,按无菌操作加入亚硒酸氢钠。

(2)L-胱氨酸溶液:

L-胱氨酸	0.1 g
1 mol/L NaOH	15 mL

在无菌操作下,用无菌水将上述成分稀释到 100 mL,无须高压蒸汽灭菌。

(3)完全培养基制备:

基础液	1000 mL

L-胱氨酸溶液　　　　　　　　　　　　　　　　　　　　　　10 mL

待基础液冷却后，加入 L-胱氨酸溶液，调节 pH 至 7.0±0.2 后，将培养基分装于适当容量的试管中，每管 10 mL。

注：培养基应在配制当天使用。

用途：用于沙门菌富集培养。

25. 亚硫酸铋（BS）琼脂

蛋白胨	10 g
牛肉膏	5 g
葡萄糖	5 g
$FeSO_4 \cdot 7H_2O$	0.3 g
$Na_2HPO_4 \cdot 12H_2O$	4 g
煌绿	0.025 g
柠檬酸铋铵	2 g
Na_2SO_3	6 g
琼脂	18～20 g
蒸馏水	1000 mL
pH	7.5±0.2

将前三种成分加入 300 mL 蒸馏水中（制作基础液），硫酸亚铁和磷酸氢二钠分别加入 20 mL 和 30 mL 蒸馏水中，柠檬酸铋铵和亚硫酸钠分别加入 20 mL 和 30 mL 蒸馏水中，琼脂加入 600 mL 蒸馏水中。然后分别搅拌均匀，煮沸溶解。冷却至 80 ℃ 左右时，先将硫酸亚铁和磷酸氢二钠混匀，倒入基础液中，混合均匀；再将柠檬酸铋铵和亚硫酸钠混匀，倒入基础液中，混合均匀。调节 pH 至 7.5±0.2，随即倾入琼脂液中，混合均匀，冷却至 50～55 ℃。加入煌绿，充分混匀后立即倾注培养皿。

注：该培养基不需要高压灭菌，在制备过程中不宜过分加热，避免降低其选择性。将配制好的培养基贮存于室温暗处，超过 48 h 其选择性会降低。该培养基宜于当天制备，第二天使用。

用途：用于沙门菌富集培养。

26. 胆硫乳（DHL）琼脂

蛋白胨	20 g
牛肉膏	10 g
乳糖	10 g
蔗糖	10 g
去氧胆酸钠	1 g

硫代硫酸钠	2.23 g
柠檬酸钠	1 g
柠檬酸铁铵	1 g
0.5%中性红溶液	6 mL
琼脂	18~20 g
蒸馏水	1000 mL
pH	7.3±0.2

将除中性红和琼脂以外的成分溶解于 400 mL 蒸馏水中，调节 pH 至 7.3±0.2，再将琼脂加入 600 mL 蒸馏水中煮沸溶解，两液合并，加入 0.5%中性红溶液 6 mL，待冷却至 50~55 ℃后倾注培养皿。

用途：用于沙门菌富集鉴定。

27. 三糖铁琼脂(TSI)

牛肉膏	3 g
酵母膏	3 g
蛋白胨	20 g
NaCl	5 g
乳糖	10 g
蔗糖	10 g
葡萄糖	1 g
柠檬酸铁	0.3 g
硫代硫酸钠	0.3 g
酚红	0.024 g
琼脂	12~18 g
蒸馏水	1000 mL
pH	7.4±0.1

将除琼脂和酚红以外的各成分溶解于蒸馏水中，调节 pH 至 7.4±0.1，加入琼脂，加热煮沸，以溶化琼脂，再加入酚红，摇匀，分装于试管中，装液量宜多些，以便得到较高的底层，121 ℃高压灭菌 20 min，放置高层斜面备用。

用途：用于沙门菌富集鉴定。

28. 氰化钾(KCN)培养基

蛋白胨	10 g
NaCl	5 g
KH_2PO_4	0.225 g
$Na_2HPO_4 \cdot 12H_2O$	5.64 g

蒸馏水	1000 mL
0.5% KCN 溶液	20 mL
pH	7.6

将除 KCN 以外的成分加入蒸馏水中,煮沸溶解,分装后 121 ℃高压灭菌 15 min。放在冰箱内使其充分冷却。每 100 mL 培养基中加入 0.5% KCN 溶液 2 mL(最后浓度为 1∶10000),分装于无菌试管内,每管约 4 mL,立刻用无菌橡皮塞塞紧,放在 4 ℃冰箱内,至少可保存 2 个月。同时,将不加 KCN 的培养基作为对照培养基,分装于试管内备用。

注意:KCN 是剧毒物,切勿沾染,以免中毒。夏天分装培养基时应在冰箱内操作。若试验失败,则主要原因是封口不严,KCN 逐渐分解,产生氢氰酸气体逸出,以致药物浓度降低,细菌生长,因而造成假阳性反应。试验时对每一个环节都要特别注意。

用途:用于沙门菌富集鉴定。

29. 赖氨酸脱羧酶试验培养基

蛋白胨	5 g
酵母膏	3 g
葡萄糖	1 g
蒸馏水	1000 mL
1.6%溴甲酚紫乙醇溶液	1 mL
L-赖氨酸或 DL-赖氨酸	0.5 g/100 mL 或 1 g/100 mL
pH	6.8±0.2

将除赖氨酸以外的成分加热溶解后,每瓶分装 100 mL,再分别加入赖氨酸。L-赖氨酸按 0.5%的量加入,DL-赖氨酸按 1%的量加入。调节 pH 至 6.8±0.2,对照培养基中不加入赖氨酸。分装于无菌小试管内,每管 0.5 mL,上面滴加一层液体石蜡,115 ℃高压灭菌 10 min。

用途:用于沙门菌富集鉴定。

30. 邻硝基酚 β-D-半乳糖苷(ONPG)培养基

邻硝基酚 β-D-半乳糖苷	60 mg
0.01 mol/L 磷酸钠缓冲液(pH 7.5)	10 mL
1%蛋白胨水(pH 7.5)	30 mL

将 ONPG 溶于缓冲液内,加入蛋白胨水,用过滤法除菌,分装于无菌小试管内,每管 0.5 mL,用橡皮塞塞紧。

用途:用于沙门菌富集鉴定。

31. 月桂基硫酸盐胰蛋白胨(LST)肉汤

胰蛋白胨	20 g
NaCl	5 g
乳糖	5 g
$K_2HPO_4 \cdot 3H_2O$	2.75 g
KH_2PO_4	2.75 g
月桂基硫酸钠	0.1 g
蒸馏水	1000 mL
pH	6.8±0.2

将上述各成分溶解于蒸馏水中,调节 pH 至 6.8±0.2,分装到有玻璃小倒管的试管中,每管 10 mL。121 ℃高压灭菌 15 min。

用途:用于饲料样品中大肠菌群最可能数计数的初发酵试验。

32. 煌绿乳糖胆盐肉汤(BGLB)

蛋白胨	10 g
乳糖	10 g
牛胆粉溶液	200 mL
0.1%煌绿水溶液	13.3 mL
蒸馏水	800 mL
pH	7.2±0.1

将蛋白胨、乳糖溶解于约 500 mL 蒸馏水中,加入牛胆粉溶液 200 mL(将20 g 脱水牛胆粉溶于 200 mL 蒸馏水中,调节 pH 至 7.0~7.5),用蒸馏水稀释到 975 mL,调节 pH 至 7.2±0.1,再加入 0.1%煌绿水溶液 13.3 mL,用蒸馏水补足到 1000 mL,用棉花过滤后,分装到有玻璃小倒管的试管中,每管 10 mL。121 ℃ 高压灭菌 15 min。

用途:用于饲料样品中大肠菌群最可能数计数的复发酵试验。

33. MRS 培养基

蛋白胨	10 g
牛肉粉	5 g
酵母粉	4 g
葡萄糖	20 g
吐温 80	1 mL
$K_2HPO_4 \cdot 3H_2O$	2 g
乙酸钠	5 g

柠檬酸三铵	2 g
$MgSO_4 \cdot 7H_2O$	0.2 g
$MnSO_4 \cdot 4H_2O$	0.05 g
琼脂粉	15 g
蒸馏水	1000 mL
pH	6.2±0.2

将上述成分加入 1000 mL 蒸馏水中,加热溶解,调节 pH 至 6.2±0.2,分装后 121 ℃高压灭菌 15~20 min。

用途:用于乳杆菌计数。

34. 莫匹罗星锂盐和半胱氨酸盐酸盐改良 MRS 培养基

莫匹罗星锂盐储备液制备:称取 50 mg 莫匹罗星锂盐加入 50 mL 蒸馏水中,用 0.22 μm 微孔滤膜过滤除菌。

半胱氨酸盐酸盐储备液制备:称取 250 mg 半胱氨酸盐酸盐加入 50 mL 蒸馏水中,用 0.22 μm 微孔滤膜过滤除菌。

临用时加热融化琼脂培养基,在水浴中冷至 48 ℃左右,用带有 0.22 μm 微孔滤膜的注射器将莫匹罗星锂盐储备液和半胱氨酸盐酸盐储备液加入融化的琼脂培养基中,使培养基中莫匹罗星锂盐的浓度为 50 μg/mL,半胱氨酸盐酸盐的浓度为 500 μg/mL。

用途:用于双歧杆菌计数。

35. MC 培养基

大豆蛋白胨	5 g
牛肉粉	3 g
酵母粉	3 g
葡萄糖	20 g
乳糖	20 g
碳酸钙	10 g
琼脂	15 g
蒸馏水	1000 mL
1%中性红溶液	5 mL
pH	6.0±0.2

将前面 7 种成分加入蒸馏水中,加热溶解,调节 pH 至 6.0±0.2,加入 1%中性红溶液 5 mL。分装后 121 ℃高压灭菌 15~20 min。

用途:用于嗜热链球菌计数。

36. 油脂培养基

蛋白胨	10 g
牛肉膏	5 g
NaCl	5 g
芝麻油或花生油	10 g
1.6%中性红溶液	1 mL
琼脂	15~20 g
蒸馏水	1000 mL
pH	7.2

注：不能使用变质油；油、琼脂和蒸馏水先加热；调好 pH 后，再加入 1.6%中性红溶液 1 mL；分装时，需不断搅拌，使油均匀分布于培养基中。

用途：用于油脂水解试验。

37. DMEM 细胞培养基

(1) 取市售 DMEM 培养基粉末 1 包（配方见附表 1），倒入 1000 mL 烧瓶中，加双蒸水 800 mL，常温磁力搅拌 1 h。

(2) 称取 2.5 g $NaHCO_3$，溶解于 200 mL 双蒸水中。

(3) 将(1)液与(2)液充分混合，用稀 HCl 调节 pH 至 7.2~7.4。

(4) 将调节 pH 后的 DMEM 液置于超净台上，用 0.1~0.2 μm 孔径的硝酸滤膜滤器过滤除菌。

(5) 将过滤后的 DMEM 培养基取样做无菌试验，37 ℃培养 1 周后应为阴性结果。

(6) 将 DMEM 培养基贮存于 4 ℃冰箱中，使用前加入 10%新生牛血清即可。

附表 1　DMEM 培养基配方

序号	化合物名称	含量(mg/L)	序号	化合物名称	含量(mg/L)
1	$CaCl_2 \cdot 2H_2O$	265	18	L-丝氨酸	42
2	$Fe(NO_3)_3 \cdot 9H_2O$	0.1	19	L-苏氨酸	95
3	KCl	400	20	L-色氨酸	16
4	$MgSO_4$	97.67	21	L-酪氨酸	72
5	NaCl	6400	22	L-缬氨酸	94
6	NaH_2PO_4	109	23	D-泛酸钙	4
7	丁二酸	75	24	酒石酸胆碱	7.2
8	丁二酸钠	100	25	叶酸	4
9	L-盐酸精氨酸	84	26	肌醇	7.2

续表

序号	化合物名称	含量(mg/L)	序号	化合物名称	含量(mg/L)
10	L-盐酸胱氨酸	63	27	烟酰胺	4
11	甘氨酸	30	28	核黄素	0.4
12	L-盐酸组氨酸	42	29	盐酸硫胺	4
13	L-异亮氨酸	105	30	盐酸吡哆辛	4
14	L-亮氨酸	105	31	葡萄糖	1000
15	L-盐酸赖氨酸	146	32	丙酮酸钠	110
16	L-甲硫氨酸	30	33	酚红	30
17	L-苯丙氨酸	66			

主要参考文献

[1] 胡桂学,陈金顶,陈培富. 兽医微生物学实验教程[M]. 3版. 北京:中国农业出版社,2022.

[2] 王爱华. 畜牧微生物学实验指导[M]. 北京:中国农业出版社,2012.

[3] 陈金顶,黄青云. 畜牧微生物学[M]. 6版. 北京:中国农业出版社,2017.

[4] 杭柏林,胡建和,徐彦召,等. 畜牧微生物学[M]. 北京:科学出版社,2017.

[5] 姚火春. 兽医微生物学实验指导[M]. 2版. 北京:中国农业出版社,2002.

[6] 周德庆. 微生物学教程[M]. 4版. 北京:高等教育出版社,2019.

[7] 陆承平,刘永杰. 兽医微生物学[M]. 6版. 北京:中国农业出版社,2021.

[8] 沈萍,陈向东. 微生物学实验[M]. 5版. 北京:高等教育出版社,2018.